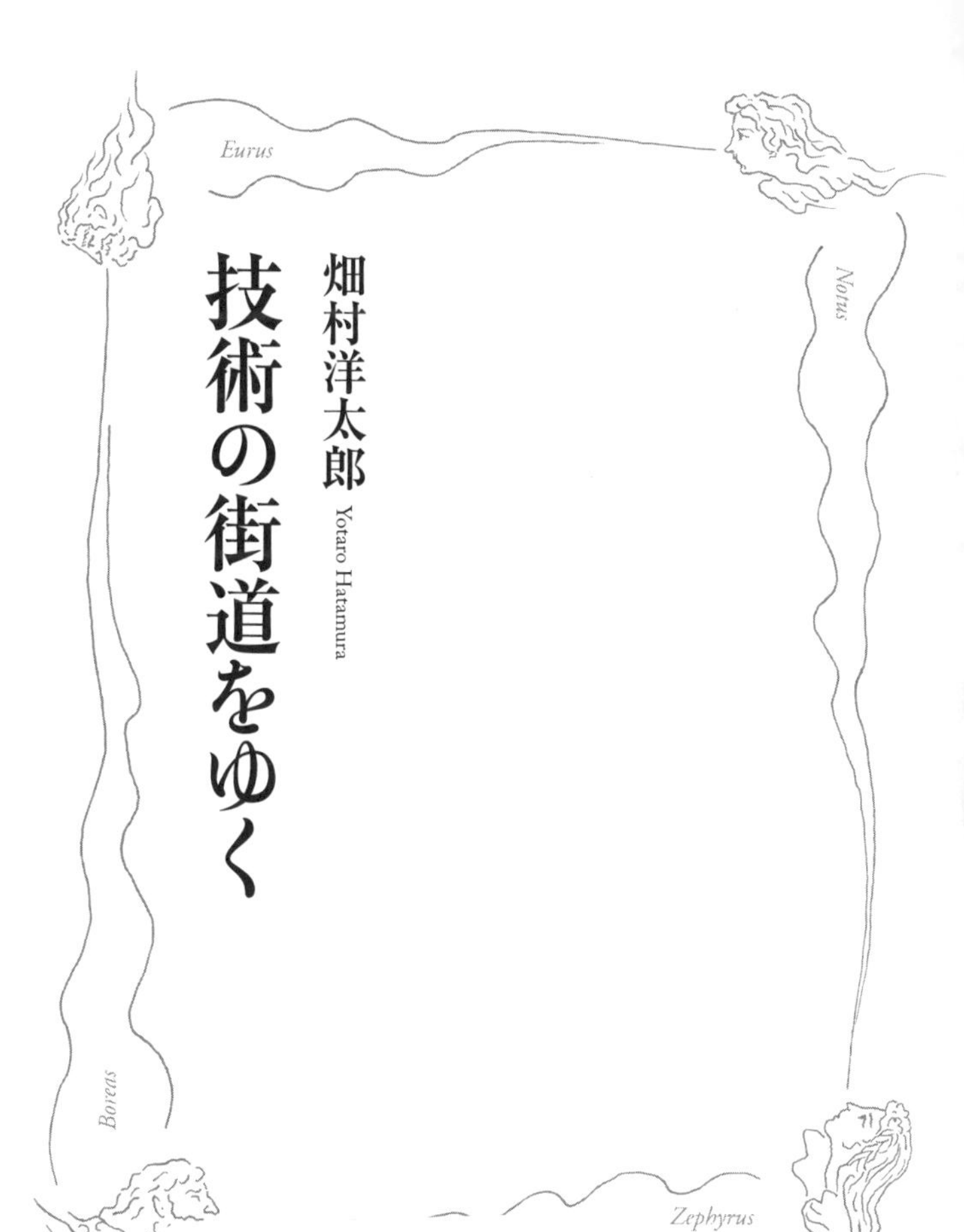

技術の街道をゆく

畑村洋太郎
Yotaro Hatamura

岩波新
1702

はじめに

司馬遼太郎さんの作品に『街道をゆく』という紀行文集がある。司馬さんが日本の各地、ときには外国の街を訪ね歩き、その土地の歴史や風物について語る、言わずと知れた名シリーズである。筆者はこのシリーズが大好きで、昔からよく愛読してきた。

『街道をゆく』での司馬さんの素晴らしいところは、今と昔の間を自由自在に行き来するところである。今の町並みを歩いているかと思えば、話がポンと歴史の彼方へ飛ぶ。そうしてひとしきり歴史について語ったあと、ふいに「話を戻す」と言って今に帰ってくる。このリズムがじつに小気味よいのである。

筆者もこの50年間、日本の各地をまわって技術の現場を訪ね歩いてきた。実際に現地を訪れ、そこで現物に触れ、現場の人たちと議論をする。現地・現物・現人(げんち・げんぶつ・げんにん)、すなわち「3現(さんげん)」である。この本はその「3現」を地で行く、筆者なりの「街道をゆく」である。本のタイトルは司馬さんに敬意を表して『技術の街道をゆく』と名付けさせてもらった。もとより司馬さんの爽やかな筆致には及びもつかないが、筆者なりの「街道をゆく」を試みてみたいと思っている。

日本の技術はいま苦境に立たされている。なぜか。それは、日本の技術者が、技術とはどこかに良いお手本があり、それを見つけてきちんと学べば獲得できるものだ、さらには発展させられるものだ、という見方をしてきたからである。

技術とはそういうものではない。技術者がジタバタ試行錯誤するなかで起こす失敗と、その失敗があるからこそ生まれる創造とが作り込まれて、出来ていくものなのである。ところが、日本の技術者は、明治の昔からこのかた、そういう見方で技術を見てこなかった。その結果、新しく技術を生み出す苦しさや大変さを経ずに、ただ要領よく技術を取り入れることばかりに長けた技術者が育つことになった。現在の日本の苦境は、出来上がったものを手に入れることに慣れてしまった、技術者自身の弱さに発している。筆者にはそう思われるのである。

本書の旅は、筆者が提唱した「失敗学」の源流をたどる旅であるのと同時に、日本の技術者が将来への活路を見出し、生き残る道をさぐるための旅でもある。旅の途上では、ときに厳しい言葉を投げかけることもあるだろう。しかし、それを筆者からのエールであると受け止めてほしい。「日本の技術者たちよ、道なき道をゆけ」と筆者は言いたいのである。

話は変わる。

2013年の秋、筆者が委員長を務めた原発事故調査委員会の仕事で、スペインに行く機会があった。会合で報告をおこなったり、各地で講演をしたり、メディアのインタビューに応じたり、とても忙しい日程を過ごした。ひと仕事終わって自由時間ができると、ふいに美術館へ行きたくなった。理由は自分でもよくわからない。美術館めぐりの趣味はないのに、なぜだか行ってみたくなったのである。

国立ソフィア王妃芸術センターという美術館が近くにあると聞いて行ってみると、ピカソの〈ゲルニカ〉の原画が展示されていた。幅約8メートル、高さ約3・5メートルの大きな絵である。ピカソは写実が精確で、きっちりとデッサンが出来るのに、こういう抽象画を描くようになったのだと、昔、中学生か高校生のころ、先生から聞いた覚えがある。

「なるほど、これがその〈ゲルニカ〉か」と思って、少し離れて全体像をしげしげと見ているうちに、どうしたことか、頭がどんどん熱くなってきた。美術館での絵画鑑賞といえば、心安らかにリラックスできるはずのものだが、それどころではない。頭の中が勝手にぐるぐる動き始めて止まらないのである。といって、何を考えていたのか、まるで思い出せないのだから、じつに奇妙なことである。仕舞いには身体がぐったり疲れてしまって、絵の前に立っているのも辛くなってきた。

他の絵を見る気力はもうない。〈ゲルニカ〉から逃げるように美術館を出て、売店でコーラを買った。とにかく無性に甘いものが飲みたかったのである。階段に腰掛けて一気に飲み干したら、ようやく生き返った心地がした。放心状態とはこのことかと、今になってみて思う。

帰国後、この話を仲間の若い研究者にしてみたら、人間の脳の働きのうち9割以上は自律的なコントロールの外にあるのだと教えてくれた。割合の数には諸説あるようだが、人間の脳の大部分が、われわれ自身の意思や意識と関わりなく動いていることは確からしい。

「たぶん、先生の頭の中のどこかが、勝手に動き出したのかも知れませんね」。そう言われて、妙に合点が行った。〈ゲルニカ〉を見て、筆者の頭が猛烈に動き始めたのは、筆者自身の意思と離れた脳の部分、いわば「勝手脳」が活性化されたからではないかと思ったのである。

逆に言えば、これは絵を描いたピカソ自身にも当てはまることではないかと思う。ピカソはなぜ、あのような妙な絵を描いたのか。何か目的や意図があったり、何かを伝えたいと思って描いたとは筆者には思えない。自分でもよくわからないが、ともかくこんな絵が描きたい、さもなければ、描かずにいられないという状態になって、気がついたらあのような絵が出来てしまっていた、ということではないかと思うのである。つまり、〈ゲルニカ〉はピカソの「勝手脳」が描かせた絵なのである。そして、ここが大事なところだが、「勝手脳」は共振(シンクロ)する。「勝手脳」が生み出したものは、それを見たり聴いたりした人の「勝手脳」にダイレクトに語りかけ、その人の「勝手脳」を刺激し、活性化させるのである。

本書も、筆者の「勝手脳」が書かせた本である。深夜、寝床の中で突然、頭が勝手に動き始めて目が覚める。そうなったら寝てなどいられない。いちど動き始めた「勝手脳」は、止めたいと思っても止められないのである。頭が冷えて、気が済むまでやるしかない。ごそごそ寝床から這い出して机に向かい、頭の中で渦巻いていることを紙に書き留めていく。そうして夜な夜な書き継いで出来上がったのが本書である。

今回もまた、岩波書店の永沼浩一さんにお世話になった。永沼さんとはこれまで6冊の本を一緒に作ってきたが、筆者の「勝手脳」と一番最初に共振する人が永沼さんだと思っている。

さぞかし大変なことだろうと思うが、おかげでいつも筆者の納得いく本が出来上がる。
本書が、読者のみなさんの「勝手脳」も刺激し、活性化する本になっていることを願う。

２０１８年１月

畑村洋太郎

目　次

第1章

鉄の道をゆく

技術の道に踏み出す

まずは鉄の話から始めよう。

いまから60年前のことである。筆者は東京大学生産技術研究所の千葉実験所という施設へ見学に行った。知人の紹介で、この実験所にある鉄の高炉(試験溶鉱炉)を見せてもらいに行ったのである。ふり返ると、このときの見学が、今もつづく筆者の「技術の街道をゆく」の始まりだったのかもしれない。昭和で言うと33年(1958年)のことである。工学部志望の高校3年生であった筆者は、日本が敗戦の痛手からようやく立ち直り、新しく飛躍を始めた時期に技術の道へ足を踏み入れたのだった。

その千葉実験所では当時、高炉の試作に取り組んでいた。試作と言ってもなかなか本格的で、実験操業も行っていたのである。高炉とは、簡単に言えば、コークスを高温の空気と反応させて一酸化炭素を生成し、酸化鉄を還元して銑鉄(せんてつ)を作る「反応容器」である。原材料の鉄鉱石には酸素が多く含まれる。1500℃近くになる高炉の中で熱することで、その酸素を追い出して銑鉄を作るのである。当時をふり返ると、内容量はわずか数トンくらいの小さな炉だったように思う。なにぶんにも高校生だったので、そこで行われている研究や技術開発の詳細は全然理解できなかった。技術者の人が何か熱心に説明をしてくれたが、「男はやっぱり作業服が似合うな」と妙なことだけ記憶に残っている。

それから5年後の1963年、東大機械科の4年生のとき、夏の産業実習のために2週間、富士製鉄の釜石製鉄所へ行った。そこに金森九郎さんという技術者がいた。元は東大第二工学部の教授で、さきほどの千葉実験所で高炉の研究をしていた人である。「金森九郎は金森苦労だ」と言われるような変わり種で、新しい技術の開発に果敢に挑戦し、試行錯誤しながらも最後にはきちんと成し遂げる人だったと聞く。当時は東大教授を辞めて、釜石製鉄所の副所長としてLD転炉の開発を指揮していた。その金森さんが、到着した筆者の顔を見るなり、こう聞いたのである。

「おまえ、なんでこんなところまで来た?」

「いや、面白そうだから来た」

若い頃の筆者は随分生意気だったのでそう答えると、金森さんは大笑いした。

そのころ、日本の製鉄業はまさに花形産業であった。東大の機械科からも沢山の学生が就職していて、夏の産業実習でも製鉄会社に行くのを希望する学生が多かった。とはいえ、わざわざ釜石にまで来る学生は珍しい。とんだ生意気なヤツが来たと思われたかもしれないが、たぶん手ぐすね引いて待ってくれていたのだろう、金森さんは

「俺はそういうヤツをすごく大事に思うから、おまえには見せてやる」

と言って、開発中だったＬＤ転炉を見せてくれたのである。ＬＤ転炉とは１９５０年代の初めにオーストリアで生まれた技術である。あとから考えると、このＬＤ転炉という技術の導入が、戦後の日本にとって決定的に重要であった。日本の高度成長が可能となったのは、ＬＤ転炉の技術導入と改良に成功したからだ、と言っても過言ではないからである。

鉄の覇権を握る

１９５０年代、新たな鉄鋼の生産が追いつかなかった日本の製鉄業にとって悩みの種は、高騰する鉄屑価格だった。機械や造船をはじめ、あらゆる製造分野で鋼(はがね)の需要が増大していたにもかかわらず、鉄屑が入手しづらくなっていたのである。国内の高い鉄屑を嫌った製

鉄各社は、アメリカの安い鉄屑へと流れた。そこへ冷水を浴びせたのが、アメリカ政府による鉄屑の輸出制限である。日本の鉄屑の買い占めを警戒したアメリカの製鉄会社が、背後で圧力をかけていたのである。日本の製鉄会社は、アメリカの措置に大きなショックを受けた。「鉄屑」と聞くとただの廃材のように思われるかもしれないが、そうではない。鉄屑が重要なのは、それが鋼を作るための大事な原材料になっていたからである。その鉄屑が入手困難になってきたのである。鉄鋼連盟のトップからなる使節団が急きょアメリカへ向かったことは、日本の製鉄会社が事態をいかに深刻に受け止めたかを示している。

そのような状況のなか、一部の製鉄会社で注目されていたのが「ＬＤ転炉」である。ＬＤ転炉は「純酸素上吹き転炉」とも呼ばれる炉で、当時の最新技術であった。転炉とは、溶けた銑鉄に高純度の酸素を吹き付けて中の炭素を追い出し、銑鉄を鋼に変えるための炉である。転炉では１７００℃以上になる溶けた鋼を冷やすために鉄屑を使うが、この新しいＬＤ転炉を使えば、鉄屑の量を減らせるうえ、生産性も向上すると考えられていた。

《蛇足》　ＬＤ転炉の「転」という字は、炉を傾けて(転がして)中の鋼を取り出すことから来ているという説と、銑鉄を鋼に転換することから来ているという説の2つがある。転炉は英語で言うとconverterである。

ただし、これは筆者の想像だが、LD転炉の革新性に気がついていたのは、まだ一部の技術者たちに限られていたのではないかと思われる。LD転炉の導入は高炉の建設と密接不可分のもので、従来の生産システムの抜本的な作り変えが必要になる。当時の製鉄会社には「高炉は国にまかせておけ」という考え方もあったと聞く。コストと手間のかかる高炉は嫌われていたのである。安い鉄屑から鋼を作るのに慣れ親しんでいた製鉄会社にとって、高炉とLD転炉は大きな重荷であったと思われる。しかも、LD転炉はヨーロッパで実用化が始まったばかりの技術で、実績がまだ十分でなかった。

ところが、そのLD転炉に着目したことが、やがて日本とアメリカの製鉄業の明暗を分けることになるのである。ここで図1-1を見てほしい。これは第二次大戦以降の粗鋼生産量の推移を表したグラフである。日本の粗鋼生産量は1950年代の後半を境にして急速に増加し、1970年代には完全にアメリカに追いついた。一方のアメリカは、この時期を境に製鉄業の

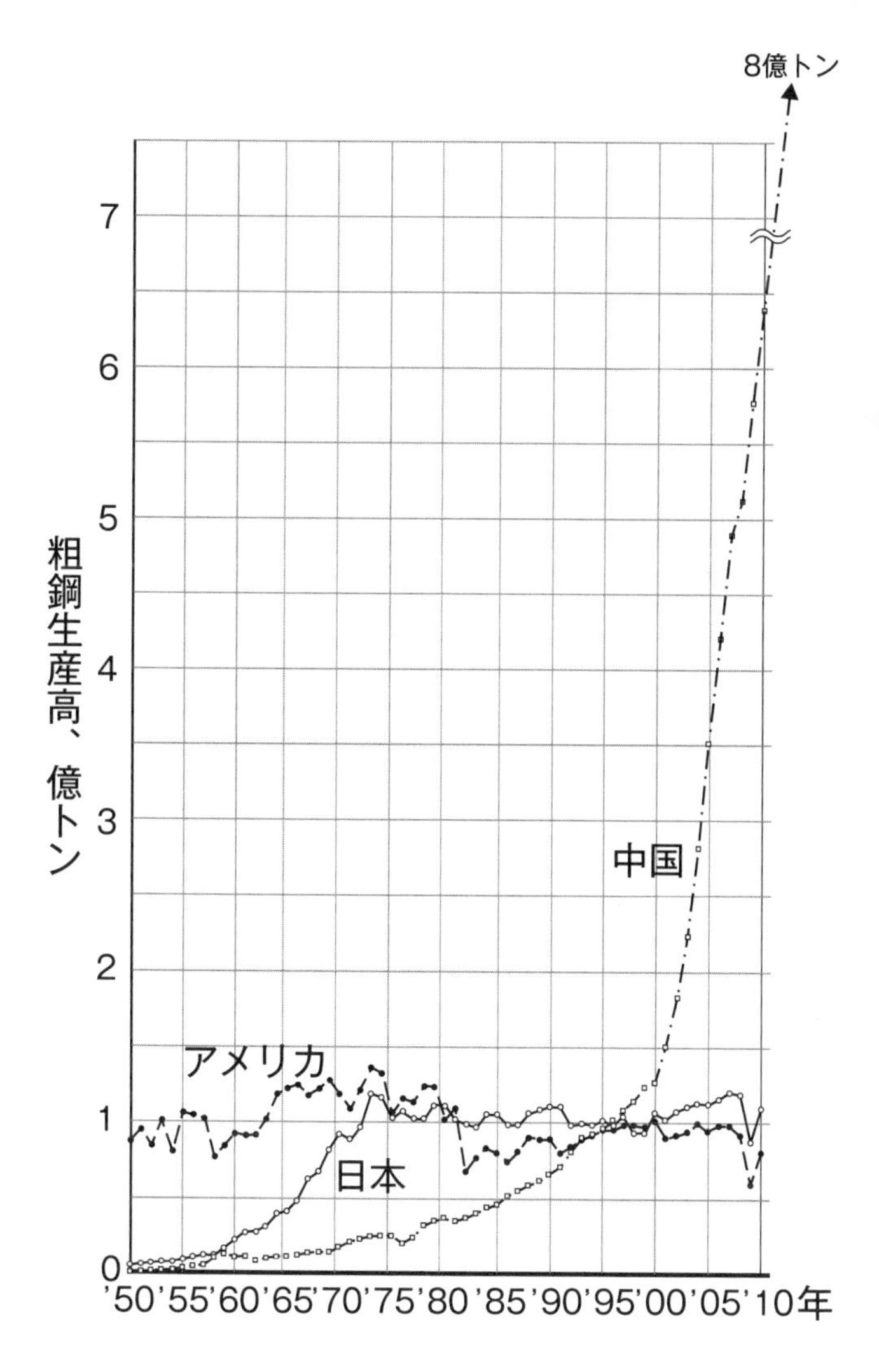

図 1-1　粗鋼生産量の比較．鉄鋼統計要覧(1961〜2010 年版)，日本鉄鋼連盟 HP(2005〜10 年分)による

衰退が始まり、生産量が徐々に減っていくのである。

「これからは自前の技術でやっていく」とアメリカに約束させられた日本は、一部の製鉄会社が業界全体をリードしていくかたちで、1950年代の後半からシャカリキになって生産システムの作り変えを推進した。高炉の建設とその大型化をはじめ、LD転炉の導入と改良、連続鋳造、制御圧延などの技術を独自に開発し、従来の生産システムを根本から見直し、作り変えていったのである。

アメリカの製鉄会社はそこで後れをとった。なぜか。経営者たちが「何も変える必要はない」と判断したためである。その頃のアメリカは、高炉でなく、銑鉄と鉄屑から鋼を作る平炉が主流であった。日本と違ってアメリカには、鋼の原材料となる鉄屑が潤沢にある。設備投資も生産量も順調に伸びており、従来の生産システムのままで何も不都合はなかったのである。

日本の製鉄会社は、高炉を大型化して生産量を増やすと同時に、加工性と軽量化という材質の機能性で勝負を挑んだ。連続鋳造や制御圧延の技術によって、自動車に必要な薄い鋼板や高張力綱、電磁鋼板などの高機能の鋼を供給し、新しい鋼種の需要にも応えていった。一方のアメリカの製鉄会社は、そのような新しい需要に応えることができず、その結果、ますます生産量を落としていった。従来型の技術に安住し、自分たちの優位性を過信したことで、アメリカの製鉄業は日本に追い抜かれることになったのである。

《蛇足》　とはいえ、これは今だから言えることで、日本の進む道が、みなにハッキリと見えていたわけではない。当時の日本は高度経済成長へ向けて、鉄を中心とする産業群の構築に注力していた。そのなかで、限りある国内の資金を製鉄業にどれだけ配分するかをめぐって、日銀と製鉄会社との間で、いわゆる「ペンペン草」騒動が起こったといわれる。お金を配分する人と事業を推進する人とでは、ものの見方も考え方も随分違うのだなと、子ども心に記憶している。

日本の製鉄業が大きな成功を収めた理由は、大きく見ると3つの技術にあると筆者は考えている。1つめは純酸素の直接吹き込みによるLD転炉、2つめは連続鋳造の技術、3つめは制御圧延の技術である。とくに、鋳造では製品ごとに鋼種、板幅や板厚の切り替えが可能なことが求められていた。それには、1つの鋼種しか作れないラインではなく、需要の違いに応じて1つのラインでさまざまな製品を製造できる必要があった。そこで、稼働中のラインの脇に次に使う装置を作り込んでおいて、一気に切り替えられる連続鋳造の技術が開発された。制御圧延は、加熱温度と圧延温度および圧下力との関係を正確に割り出し、必要な性質を実現する温度と力のパスを決める技術である。日本の製鉄会社は、これらの技術を実質的に10年あまりのうちに自主的に確立し、鉄鋼生産の覇権を握ったのである。

図1-1を見ると、日本の鉄鋼生産量は1973年にピークに達し、その後の約30年は年間1億トンのレベルを維持してきたことがわかる。その陰で、需要の変化に柔軟に対応し、製品内容の抜本的な作り変えを進めていたことには注意が必要である。同じような鉄をただ安く大量に作っていたわけではないのである。

技術上の解は、制約条件と要求機能との組み合わせによって決まる。とくに、制約条件は時代とともに変わりうるものである。そのように変化する制約条件のなかで、同じ機能の製品をいかに継続して作っていくか、さらには新しい機能をもつ製品を作り出すか。高度成長期に入った日本の製鉄会社が直面していたのは、そのような問題であった。それまで普通に買えたアメリカの鉄屑が突然買えなくなり、しかも造船用の鉄だけでなく、新たに成長しはじめた自動車産業のために、薄くて丈夫な鋼板を作ることも必要であった。このように制約条件と要求機能の両方が変わるなか、どのような技術的な解を見つけるかが問われていたのである。

こうした厳しい現実を、ただの大学生だった筆者が知るはずもない。しかし、いまふり返ってみると、東大の実験所で高炉の実験操業を見たり、釜石で金森さんにLD転炉を見せてもらったり、図らずも日本の製鉄業が新しく生まれ変わる現地に身を置いていたわけである。後に知ったことだが、千葉実験所の高炉は、金森さんが東大教授時代に企画して建設させたものだったそうである。不思議な縁を感じる。「これが日本の鉄を生まれ変わらせるんだ」と熱っぽく語っていた金森さんの様子が今も目に浮かぶ。この人は本当に鉄を作るのが好きなんだなと思った。そんな金森さんを見て、自分の進むべき道はやっぱり技術だ、と心に誓ったのを覚えている。

技術の覇権は移り変わる

ところで、さきほどの粗鋼生産量のグラフで目に付くのは、中国の生産量の伸びである。これはまさに「激増」という言葉がそのまま当てはまる驚異的な伸びである。中国にいたっては現在、年間8億トンもの生産量になっている。人間が古代に製鉄技術を発明して以来、これは空前絶後の生産量であると言ってよい。

ただし、ここで注意すべきことは、中国のこの爆発的な成長は技術革新にもとづくものではない、ということである。筆者の目からすると、現在の中国は、かつてイギリスの製鉄業を追い越したときのアメリカに重なって見える。近代の製鉄技術の革新はイギリスで起こった。コークス炉やベッセマー転炉の発明などは、いずれもイギリス発祥の技術である。これらの発明が、産業革命と相まって、鉄の大量生産への道を切り拓いた。アメリカは20世紀になって、そうしたイギリス発祥の技術を取り入れて世界一に躍り出たのである。大規模な都市開発が鋼材需要を飛躍的に拡大させたが、膨大な国内需要を背景にした成長は、いわば物量にもとづく成長であった。それが現在の中国の急成長と重なって見えるのである。

ただし、中国の鉄は、もはや国内だけでは消費し切れず、世界中にあふれ出している。超供給過剰である。このようなことは、人間が鉄を作るようになって以来、初めてのことではないだろうか。

《蛇足》　中国の年産8億トンという数は異常である。筆者はこのまま行くと10億トンを超えるのではないかと考えていたが、さすがにここで頭打ちのようである。それにしても他の国とも合わせると、鉄の生産量としては有史以来、空前絶後の量である。今後、この生産量を超えるのはおそらく、人間が宇宙に出て鉄の生産を始めるときではないかと思う。

中国の製鉄業は日本の技術供与によって立ち上がったものである。これは別の見方をすれば、日本が開発した鉄の生産システムは、条件さえ揃えば年間８億トンもの生産量を可能にする潜在力を持っていた、ということである。もっとも、国というのはどこも、すべて自前でやったという顔をしたがるものである。中国は、日本から技術供与を受けたことなどオクビにも出さない。技術革新にもとづく成長は、やがて物量にもとづく成長に乗り越えられる。それはかつてイギリスの製鉄業がたどった道であり、今日の日本の製鉄業がたどりつつある道である。技術の優位性が産業の繁栄を保障するわけではないのである。

日本の製鉄業は１９５０年代以来、約３０年で世界の覇権を握るまでになった。資源小国である日本が鉄の生産量で世界一になるなど、普通では考えられないことである。それを可能にしたのが、高炉、転炉、連続鋳造、制御圧延を巧みに組み合わせて構築した、日本独白の革新的な生産システムであった。しかし、世界中にあふれかえる中国製の安価な鉄に押されて、いまや高炉の火を落とさざるをえなくなった製鉄会社もあると聞く。

こうしたことは製鉄に限らず、じつは日本のさまざまな産業分野で起きている。かつて苦労して獲得した技術が、社会状況の変化のために、あえなく消えていくのである。現場の技術者には悔しい話ではあるが、それが技術の世界での現実である。技術は経営と切り離しては成り立たない。「良い技術」というだけで生き残れるほど、技術の世界は甘くない。むしろ、生かしておいてはいけないときもあるのである。

《蛇足》　日本の製造業の多くはこれまで「良い物」を作ることに心血を注いできた。端的に言えば、今の日本の製造業の苦境は、「良い物」が「良い物」というだけでは価値が生まれず、売れなくなったためである。しかし、もしもその「良い物」すら作らなくなってしまうならば、日本の技術にはもう未来はないであろう。この問題については最後の章でくわしく考察するが、本書全体を貫く重要な考察テーマである。これから折に触れて言及していくことになると思う。

Sカーブを乗り換えられるか

技術の栄枯盛衰はどこの会社でも起こりうることである。では、衰退期に入ってしまったら、もう為す術はないのかというと、そうとは限らないのである。その会社の内部には、まったく別物ではないが従来とは異なる、次に発展するための萌芽が必ずあるものである。経営者は、その新しい技術の萌芽に着目し、芽吹かせ、育てていけるかどうかがつねに問われている。自分たちの会社の中に、今どんな新しい技術の萌芽があり、その中にはどのような要素があるか、それらの要素にどれだけの資金や人を投入すればよいか。それを自分たちがピークに達する前に見つけ出し、判断し、既存の技術と並行しながら準備する。それが実行できる経営者のいる会社では、図1-2のように「Sカーブの乗り換え」という現象が起こるのである。

1つの技術の発展と成長と衰退を、時間軸に沿ってたどっていくと「Sカーブ」を描くことがわかる。このSカーブに関して大事なことは、

①どのような技術も、生産量の推移はS字状のカーブを描く

②どのような技術も、生産量は30年でピークを打つ

という特性である。これは「宿命」と言い換えてもよいかもしれない。

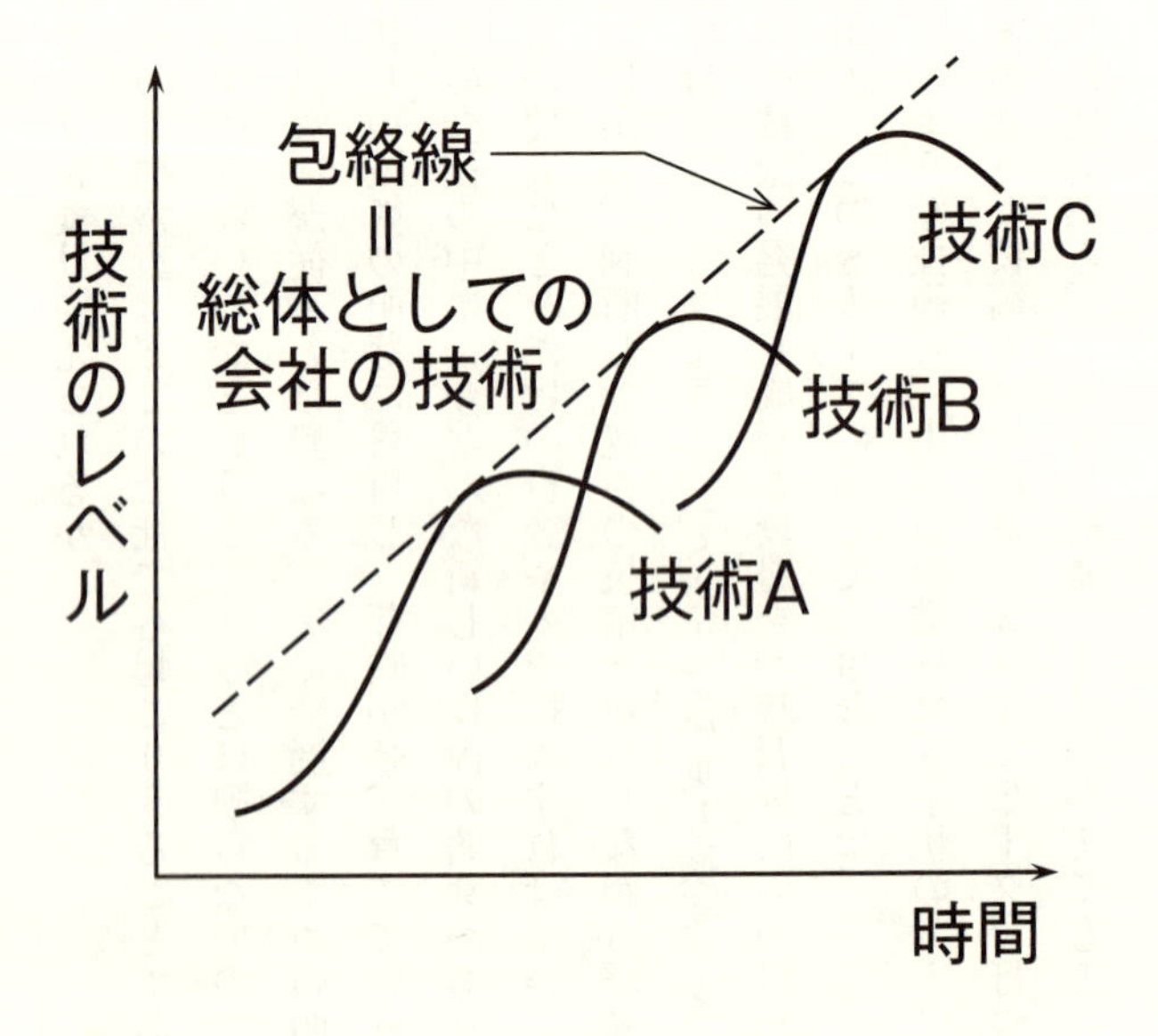

図 1-2　S カーブの乗り換えによる技術レベルの向上

ところが、産業全体は活力を失いつつあるように見えても、その中には必ず、不思議と元気な会社があるものである。そういう会社は、こうしたSカーブの宿命をものともせずに、別の新しいSカーブに乗り換えて成長を続けているのである。面白いのは、その会社の経営者の目には「包絡線」が見えていることである。ここで図1-2をもう一度見てほしい。Sカーブのピークを結んでいくと、1本の包絡線が現れる。目利きの経営者には、この包絡線が見えている。そして、この包絡線が伸びていく方向を目指して、経営の舵を切っていくのである。

たとえば、そうした経営をつねに実行しているのが、アメリカのデュポン社である。デュポン社が時代の荒波を乗り越えて今日まで成長しつづけてきたのは、よその技術を安易に取り入れるのではなく、自分たち自身の中に新しい技術の萌芽を見つけ出して育て、事業の中味を絶えず刷新しつづけてきたからである。それを表面だけ真似て大失敗したのが、数十年前に日本の製鉄会社がおこなった「鉄屋の半導体事業」である。

「Sカーブの乗り換え」ができるかどうかで、いま筆者が注目しているのは、自動車産業である。日本の自動車メーカーは、アメリカが40年かけて完成させた自動車の機械技術の上に、エレクトロニクスを載せて発展させた。では、次なる技術の萌芽は何か。AIや自動運転が注目されているが、これらの技術はあくまで付加的な技術であって、技術の萌芽ではないと筆者は思っている。誰もが言っていることだが、自動車における技術の萌芽は、モーターと電池である。

自動車産業ではこれまで、複雑で精緻を極めるエンジンの技術が、新規メーカーの大きな参入障壁となってきた。しかし、今後、モーターや電池の問題が解消されれば、既存の自動車メーカーが築き上げてきた技術のアドバンテージは、エンジンもろとも消えてなくなる可能性がある。電気自動車は「人が運転して移動する」という機能から見れば、エンジン車と同じ「自動車」である。しかし、技術の「質」と生産の視点から見れば、従来、自動車メーカーが作ってきた自動車とは違う概念の自動車であるように筆者には思える。その概念の違いを拒むことなく受け入れて、新しいSカーブに乗り換えられるかどうか。日本の自動車メーカーはいま、それが問われているような気がするのである。

新しいSカーブに乗り換えるためには、下降線に入ってしまってからでは遅い。ピークに達する前から用意周到に準備しておく必要があるのである。既存の自動車メーカーにとって、電気自動車は産業構造の大転換をもたらすものになるかもしれない。しかし、もしもエンジンに固執して電気化で後れをとれば、カーブを乗り換えるよりも前に、カーブを転げ落ちていくことになるだろう。

技術の街道をゆく

第2章

たたらの里をゆく

村下を訪ねて

たたら製鉄について最初に興味をもったのは、いつ頃だったか。たぶん1980年代後半に入った頃だったような気がする。当時は高度成長の時代をささえた技術者たちが定年を迎え始め、技術の継承について徐々に議論されていた時期だったように記憶する。

それはちょうど、従来では考えられない事故や事件が、次々に頻発していた時期とも重なる。筆者が「失敗」というものの価値に気がつき始めたのも、ちょうどその頃のことであった。研究室のOBたちと一緒に、自分たちの失敗経験を洗いざらいはき出して検証し、『続々・実際の設計―失敗に学ぶ―』という本を出版したのは、後の1996年のことである。

技術の失敗と技術の継承は切っても切れない深い関係がある。きれいに出来上がったものを人からもらうのではなく、ジタバタ試行錯誤して何度も失敗しながら、自分自身の頭と体で獲得する。そうして初めて、技術は「伝わる」のである。筆者はそのことを、たたら製鉄の村下(むらげ)である木原明さんの仕事を観察するなかで学んだ。

村下とは、たたらの操業を行う集団の長（おさ）をさす。村下は国から選定保存技術保持者として認定され、現在は木原明さんと渡部勝彦さんの二人が務めている。この二人の村下は互いに切磋琢磨して、たたらの技術の錬磨に日夜励んでいる。なお、操業の見学や写真撮影については、公益財団法人日本美術刀剣保存協会（日刀保（にっとうほ））の特別な許可が必要である。

二人の村下はたたら製鉄の技術を受け継ぐとともに、次世代の技術継承者を育ててきた。戦前までのたたら製鉄の技術は、一子相伝の風習があったそうである。そのため、木原さんに会うまでは、先代から技術を授かる書き付けのようなものがあり、村下はそれを忠実かつ正確に守っているのだろうと想像していた。ところが、実際に会って話を聞いてみると、そんな書き付けなど、どこにも無いという。これには驚いた。たたらの技術はすべて、村下の頭と体の中にあるのである。

木原さんを訪ねて初めて出雲へ行ったのは１９９５年のことである。当時はまだ寝台特急が走っていて、東京大学の中尾政之教授と一緒に「出雲」号に乗って行った。現地に着くと雪が激しく降っていて、凍えるような寒さだったのを憶えている。木原さんがいる日刀保たたら事業所は、島根県仁多郡横田町（現在の奥出雲町）にある。近くで一番大きい仁多町はお酒やお米が美味しくて有名で、斐伊川(ひいかわ)に面している。たたら製鉄は、その斐伊川沿いで行われている。斐伊川は宍道湖(しんじこ)に流れ込んでいる。たたら製鉄ではかつて、砂鉄を取るために鉄穴(かんな)流しを行っていた。そのときの砂で川床が上がり、年中洪水に悩まされていたそうである。たしかに現地に行ってみると、川がみな天井川となっていた。有史以来、川床が少なくとも3メートルは持ち上がっているとのことである。

筆者は戦争中に島根県の隣の鳥取県に疎開していたため、この地方には何となく親しみを覚える。島根県の人口は70万人、東西方向に180キロもある細長い県である。出雲、松江、安来(やすぎ)などの大きな都市はみな、県の東北の宍道湖や中海(なかうみ)の周辺に集まっている。世界遺産で有名な石見銀山(いわみぎんざん)は県の中央部に位置する。江戸時代の最盛期には人口20万人の巨大都市があったらしい。当時江戸は世界最大の都市で人口は100万人だったというから、その5分の1規模の都市がこの地方にあったわけである。出雲地方は、かつて日本でも有数の技術と文化の発達した地域であったのである。

たたらの歴史

たたら製鉄は、砂鉄から直接鋼を作り出す技術で、6世紀の後半頃から始まったといわれる。出雲地方は古来、良質な砂鉄が採掘される土地で、中世以降は日本の主要な鉄鋼生産地となり、全国に鋼を供給していた。最盛期の江戸時代には、ここ出雲地方だけで、日本全体の8割の生産量を占めていたといわれる。明治になって西洋の近代的な製鉄技術が入ってくるまで、たたらは日本独自の鋼の主要な生産方式だったのである。

大正時代になって商業生産を終了したことで、一時技術が途絶えたが、日中戦争が始まって日本刀の需要が増えたことから、生産が再開された。たたら製鉄で作られる玉鋼(たまはがね)は、不純物の極めて少ない、鉄と炭素だけからなる品質の高さが特長である。精錬すると粘りが出てよく延びる玉鋼は、日本刀の製作に欠かせなかったのである。

しかし、日本が戦争に負けると日本刀の生産はGHQ(連合国軍最高司令官総司令部)に禁止され、たたらの技術はふたたび途絶えた。戦後しばらく経って、美術品としての日本刀が珍重されるようになると、材料としての玉鋼がまた求められるようになった。ところが、たたらはすでに操業を停止している。昔作られた玉鋼を掘り出したり、拾ってきたりして、細々と使っていたようである。しかし、徐々に残りも少なくなり、いよいよ底を尽きかけ、たたら製鉄の技術を再び復活させることになった。

そして1977年、公益財団法人日本美術刀剣保存協会(日刀保(にっとうほ))の働きによって再々度、たたら製鉄の技術が復活した。日立金属の子会社の安来製作所(YSS)からの技術協力を得て、鳥上(とりがみ)木炭銑工場に隣接する「日刀保たたら」での事業が始まったのである。それが現在のたたら製鉄である。

真の村下

このように書くと随分と簡単に復活できたように思われるかもしれないが、そうではない。一度失われた技術を取り戻すのは、並大抵のことではないのである。その復活と再生を見事に果たしたのが、木原さんの先代に当たる安部由蔵村下であった。安部村下は、古来受け継がれてきた技術をしっかりと守り、なおかつ今後技術として絶えないように工夫をこらした。

昔のたたらは、原材料の砂鉄が4種類あり、それらを順序良く使用することで玉鋼を作っていたそうである。それが、戦後の水質汚濁防止法などにより「鉄穴流し(かんなながし)」という川の流れを利用した伝統的な砂鉄の採取方法が禁止されてしまった。これは、従来のように

4種類の砂鉄を上手に使い分けて作ることができなくなったことを意味する。

そのため安部村下は、磁気選鉱という採取方法を取り入れ、真砂砂鉄(まさごさてつ)という砂鉄の1種類だけで玉鋼を作れるように改良を施した。安部村下は、鋼をより多く作るための新しい技術も編み出し、従来の製鉄法とはまったく違う考え方と手法を取り入れた。たたら製鉄を現代的に新しく発明し直したのである。戦後のたたら製鉄は、ただ1種類の砂鉄しか使えないという制約条件のもとで、以前と同じ機能を備えた玉鋼を作ることを可能にした。制約条件の変化を見極め、たたら製鉄を現代に復活させたのが安部村下であった。安部村下こそ正真正銘のイノベーター、まさしく「真の村下」と呼ぶべき人であると筆者は思う。

木原さんの仕事

その安部由蔵村下に弟子入りしたのが、木原明さんであった。木原さんは1935年生まれ。宇部工業高校を卒業して日立金属に入社し、鳥上分工場の角形溶鉱炉で純度の高い木炭銑鉄の仕事をしていた。そこで実験観察の手法を徹底的に身につけたそうである。たたら再開のとき、木原さんは自ら志願して安部村下の弟子になったという。

たたら製鉄で用いられる砂鉄は、山砂から採れる自然の原材料である。したがって、現代の工業製品の原材料のように、いつも基準どおりの成分を保てるわけではない。それにもかかわらず、木原さんはある一定の品質をもつ玉鋼を、いつもきちんと作り出している。筆者にはこれがとても不思議であった。

「この人の仕事をもっとよく見てみたい」と思った筆者は、それから折にふれて特別に許可をもらい、木原さんの仕事を観察させてもらうことにした。仕事をしているとき、木原さんの頭の中には何があるのか、木原さんの目には何が見えているのか。それを知りたいと思ったからである。木原さんの仕事のなかに、技術というものを考えるうえで極めて本質的な「何か」があるに違いない、と直観したのである。

炉の中の状況は刻一刻と変わる。木原さんは、その変化に細心の注意を払いながら、絶えず自分自身の目で見て、耳で聴いて判断し、行動しているように見える。何の作業をどうやったら何が起こるか、何をしたら失敗するか、すべてお見通しなのである。一見すると、木原さんの仕事は「職人の仕事」のように見えるが、どうやらそういうものではない。木原さんは、自分の頭の中にある「炉のモデル」をもとに、絶えず状況を把握しながら作業をしているのでは

図 2-1　たたら製鉄の村下のひとり，木原明氏．1994 年撮影

ないか。筆者にはそう思われてきた。

実際、木原さんと議論していると、言葉の一つひとつがじつによく腑に落ちるのである。筆者は長年、工学の研究と教育に携わってきた。肝胆相照らすと言っては木原さんに対して畏れ多いが、木原さんには筆者と同じ、技術者の匂いがするのである。

たたらの作業現場

木原さんの仕事の本質部分を、ようやく筆者なりに理解できたと思い、それを木原さんにぶつけて議論してみたいと考えて出雲を訪ねたのは、2005年冬のことである。このときの同行の仲間は10人。出雲空港から南へ1時間ほど、横田(よこた)町から少し東にある亀嵩(かめだけ)温泉に投宿した。奥出雲にある「たたらと刀剣館」などを見学した後、宿に戻ってまずは酒盛りである。筆者の「技術の街道をゆく」では酒盛りが欠かせないのである。ただし、この日は夜9時半には早々に切り上げて寝た。たたら製鉄の朝は早いからである。

翌朝4時半に起きて宿を出発し、作業場に着くと、すでに木炭と砂鉄を入れる最後の作業が始まっていた。午前6時過ぎには炉の崩しが始まり、もうもうたる土煙が立つ。そうしてやがて炉の中から引きずり出されてきたのは、「鉧(けら)」と呼ばれる鋼の塊である。幅約1・2メートル、長さ約3・5メートル、厚さ約0・4メートルの塊は、まるで海鼠(なまこ)の親分のような形をしている。

たたらの作業は三日三晩、木炭と砂鉄を30分ごとに交互に入れ続けて行われる。全工程の所要時間は72時間、責任者である村下にとっては不眠不休の過酷な仕事である。1回の作業に使用される原材料は木炭12トン、真砂砂鉄10トン、炉を作る粘土が4トン。そこから2・5トンの鉧が出来上がるのである。年に3回操業したとしても7、8トンしか作れない。おもに日本刀を作るのが目的だとしても、これは極めて少ないといえるだろう。なかでも最高品質の玉鋼1級はわずかしかできず、大変貴重なものである。

たたら製鉄の作業場である高殿(たかどの)の平面図を図2-2に示す。筆者が見学したときの作業は村下である木原さんと、作業員5人で行われていた。作業場全体は約15メートル四方の正方形で、筆者たちは四隅から見学させてもらった。神棚、座敷もあり、その後方で電動ふいごが動いていた。また、反対側の袖に相当する部分に、休憩室と原材料を置く部屋があり、作業場に一番近いところに砂鉄が置かれ、奥に木炭が置かれていた。

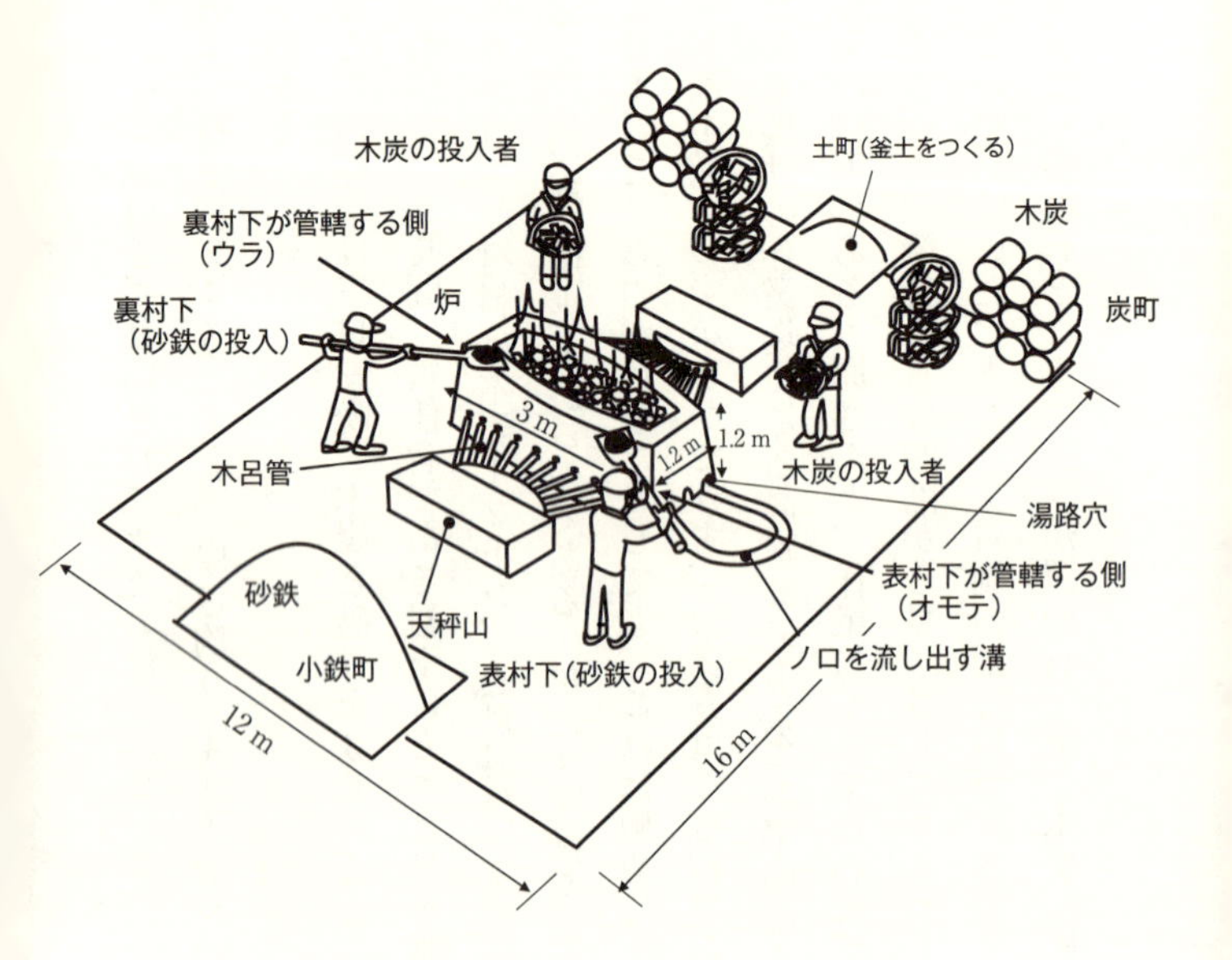

図 2-2　たたら製鉄の高殿の中の様子

真ん中に高さ約1メートル、長さ約3メートルの粘土でできた炉があり、その左右に「木呂管(きろかん)」という送風管が付いている。昔は足踏み式の「たたら」につながれていたそうである。「たたらを踏む」という言葉があるが、かつては文字どおり、人間がたたらを踏んで炉の中に風を送っていたのである。

炉には片側10本ずつ、総計20本の木呂管が放射状に付いている。木呂管は竹製で外側をかずらで巻き、さらに粘土で固めたものになっている。電動ふいごで風が送られ続けているので、これが燃えることはほとんどない。木呂管の上部には、上から滴ってきた鋼滓(こうさい)や鉧(けら)で吹き出し口が詰まらないようにするための小穴(ほど穴)が開けてあり、ここを細い鉄棒で突いて垂れ落ちてきた滴を取り除く。

木原さんたちの脇に立って作業を見ていると、不思議な感じがしてくる。ふいごが動くたびにゴーゴーと音がし、まるで炉が息をしているかのように炎が立ち上がるのである。粘土で出来た炉自体がまるで生き物のように見える。宮崎駿監督の映画〈もののけ姫〉で見た場面を髣髴させる光景である。

たたら製鉄のプロセス

たたら製鉄の炉とその地下構造の断面図を図2-3に示す。これは昭和8年に実測されたものだそうである。このような地下構造はどのように作られたのだろうか。筆者の推測だが、まず地面に四角い穴を掘る。穴は深さ約3メートル、幅約4メートルで、側面には石垣を組む。この穴の底に約50センチ角の排水溝を作る。その上を石で蓋をし、礫(れき)を並べた上に砂利を敷き、さらに木炭を縦にして並べ、粘土を載せる。こうして地表から深さ約1・5メートルの部分に床ができる。その上にさらに3つの空間を石垣で作る。中央が炉の底部となる空間で、左右が「小舟(こぶね)」と呼ばれる空間である。図中、三角形で描いた部分は石垣で、城の石垣などと同じ構造をしている。炉の底部に相当する深さ約1・5メートル、幅約1メートルの最下部に木炭を置き、その上に灰をつき固めたものを載せてある。その上に粘土で炉を築くのである。

粘土で出来た炉の中で木炭を燃焼させ、砂鉄の還元・脱炭が同時に行われ、滴が垂れ落ち、一番下にたまっていく。そうして出来上がったものが「鉧(けら)」である。ただし、そのとき木炭と砂鉄だけが反応しているのではなく、炉の内側が「犠牲材料」となり、鋼滓(こうさい)

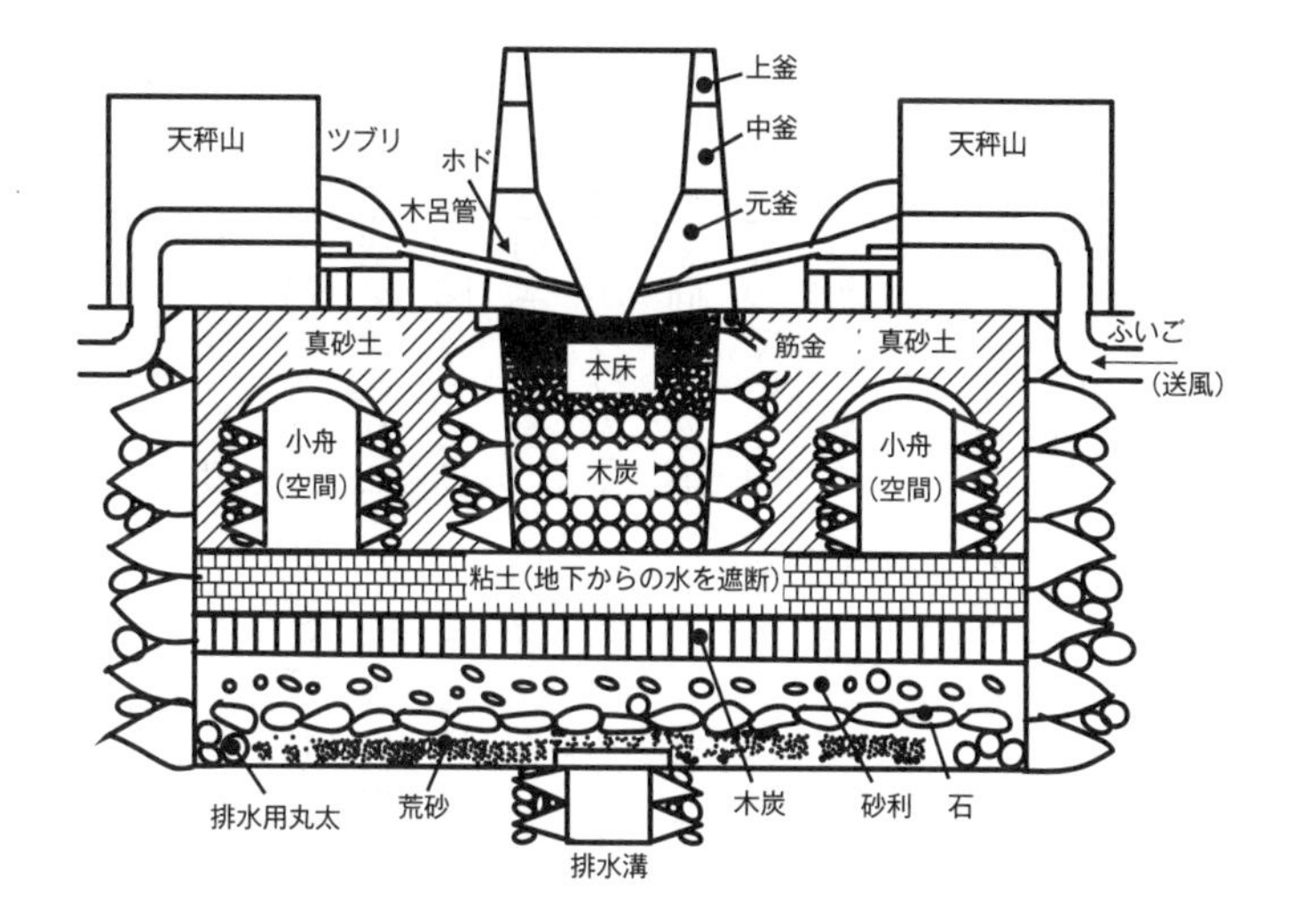

図 2-3　たたら製鉄の炉の断面と地下構造

を作ることになる。簡単にいうと、砂鉄と木炭が粘土の内壁を食っていくのである。そうして出来た鉄の一番重いものが鉧として下にたまっていく。

炉の左右から木呂管を通して吹き込まれた空気が、木炭を燃焼させながら上昇していく。ふいごで勢いよく空気が送り込まれたときに炉の中から炎が上がり、止まったときには炎が小さくなる。それは、図2-4で示したように、炉の中に「風の道」ができているからに違いない。木原さんにはこの「風の道」が見えていることが、筆者との議論で確認できた。

30分ごとに上から投入される砂鉄と木炭は、互い違いの層になって積み重なっている。これは現代の高炉と同じ内部構造である。そして、上から鉄の滴が少しずつ滴り落ち、炉の一番底で鉧としてたまっていくのである。鉧はゆっくりゆっくりと成長する一方、炉の内壁を食っていく。最後には炉壁が薄くなり、高温になった鉧の熱が伝わって、外側から見ても炉壁の最下部が徐々に赤くなってくるのがわかる。こうした炉の赤熱した様子から、三日三晩つづいた操業の終わりの時がいよいよ見えてくるのである。

たたら製鉄は砂鉄から鋼を1つのプロセスで直接作り出す製鉄方法である。一方、現代の製鉄技術は、鉄鉱石を高炉で溶かして銑鉄を作り、次いで転炉でその銑鉄に酸素を吹き込み炭素

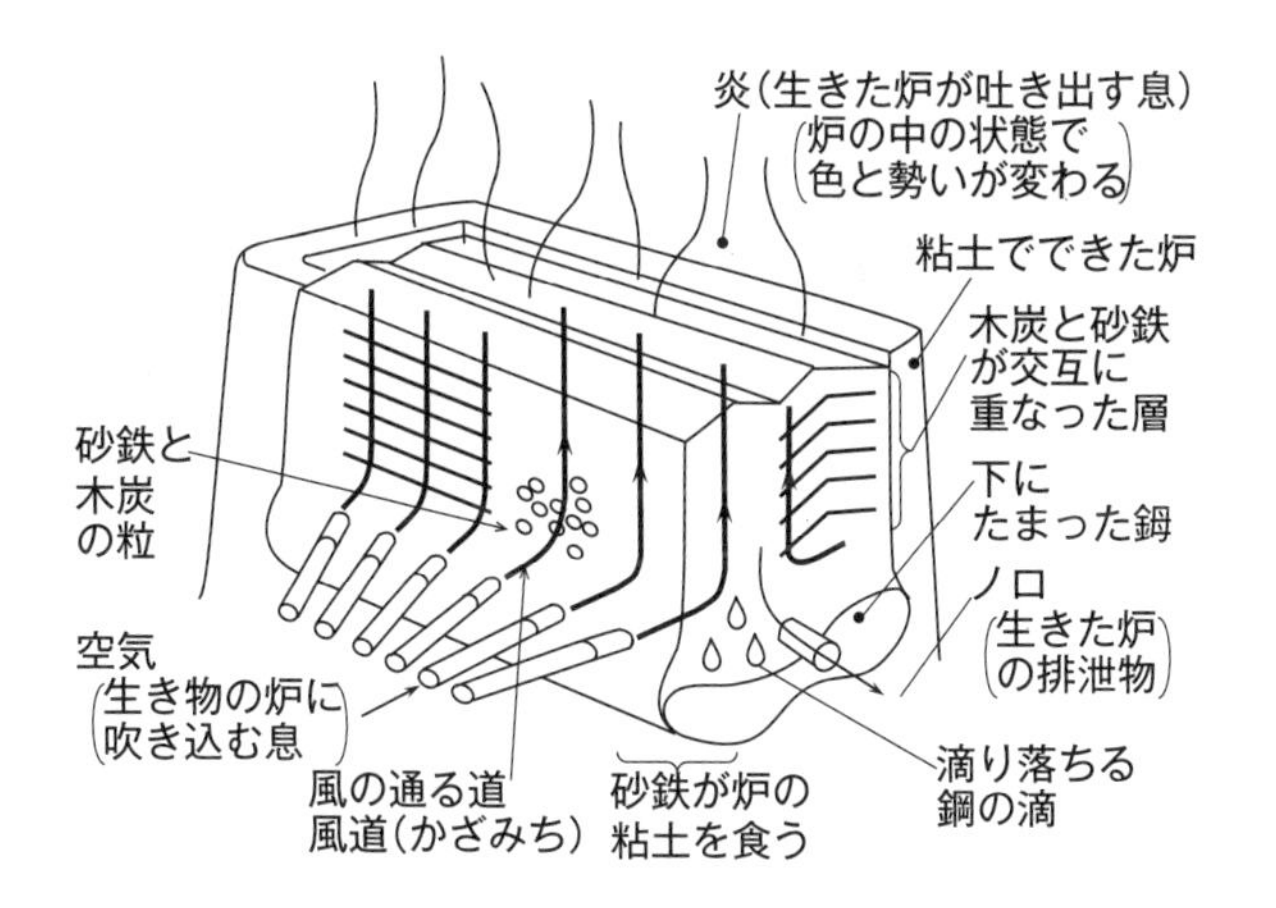

図 2-4　筆者(畑村)が想像する木原村下の頭の中.
木原さんには炉の中の「風の道」が見えている

や不純物を取り除いて鋼を作る2段階のプロセスになっている。このように製造プロセスの違いもあるが、たたら製鉄と現代製鉄との違いで重要なのは、温度の違いである。たたら製鉄の炉内温度は大体1350℃、一方の現代製鉄は1500℃である。

温度の違いは反応速度の違いとなって現れる。たたら製鉄の反応速度は遅く、現代製鉄の反応速度は速い。現代製鉄が短時間に大量の銑鉄を作れるのは、この反応速度の速さによる。しかし、高温のためにリンやケイ素などが不純物として混ざってしまう。それを第2段階のプロセスである転炉で取り除き、鋼に変えるのである。ただし、完全に取り除くことはできない。成分量で見ると、たたら製鉄による鋼と比べて不純物が1ケタ多い。たたら製鉄は大量生産には向かず、工業製品での使用には適していないが、一度の製造プロセスで高純度の鋼を作り出せるのが利点である。一点ものの工芸品などの製作に優れた品質の鉄を供給できるのが、たたら製鉄の強みであろう。美術品としての刀剣に玉鋼が求められるのはそのためである。

筆者は木原さんから玉鋼1級のサンプルを頂いた(図2-5)。玉鋼のなかでも最高品質のものである。銀色の光沢があって、粒がくっつき合って塊になっている。その美しさたるや、これ自体が芸術品と思えるほどである。小さくてもずっしり重いこの玉鋼は、筆者の宝物である。

図 2-5　木原村下から頂いた玉鋼 1 級の塊．横幅は約 50 mm

「伝える」ということ

日本の近代産業遺跡の一つになっている萩の反射炉を見たことがある。山口県萩市の中心から近くにあるこの反射炉の遺構には、炉の煙突とその下の燃焼室が残っている。高さ約13メートルという煙突は一部が煉瓦だったが、それ以外は自然石を積み重ねて作られていた。

「反射炉」という名前から、反射鏡のようなものを利用しているのかと考えたくなるが、そうではない。鋼を作るための高温を得るのに、燃料の熱をいったん炉体に移し、そこからの輻射熱(ふくしゃねつ)で鉱石を溶かすのである。これが反射炉でいう「反射」である。

このような反射炉では、煙突の高さが決め手になる。煙突が十分に高くないと、炉内の到達温度が鉄の融点である約1500℃に達しないためである。萩の反射炉がモデルにしたオランダの反射炉は、煙突の高さが17メートルあったそうである。ところが、萩の反射炉は13メートルしかない。これでは炉は十分な温度に達しなかったはずである。鋼など作れなかったのではないか、と遺構の説明文を読みながら考えた。

萩の反射炉を設計製作した人たちの頭の中には、「炉の最高到達温度は煙突の高さで決まる」

という考えはなかったのかもしれない。量子力学が生まれる前の当時は、輻射に関する理論はまだなかった。オランダの技術者たちはおそらく、試行錯誤の末、経験則でそれを知っていたのだろう。技術の世界では、そういう肝心な部分が、じつはなかなか伝わりにくいのである。形だけ整えても、技術の本質は伝わらない。

筆者が木原さんに教わったことは、「技術は伝えようとしても伝わらない」ということである。世の中では普通、「上手に伝えれば伝わる」と思われていて、「どう伝えるか」ばかりが議論されている。しかし、筆者はそれでは不十分だと思うのである。伝える相手の頭の中の動きを、まるで考えていないからである。相手にとって「伝わる」とはどういうことなのか。それを考えずに、いくら「伝える、伝える」と言っても、伝わるわけがないのである。

では、どうすれば「伝わる」のか。ここで図2-6を見てほしい。いま、ある人の頭の中に「伝えたいこと」があるとする。その「伝えたいこと」は、いくつかの要素から成り立ち、ある構造を持っている。この人が最初にするべきことは、自分の頭の中にある「伝えたいこと」を構造と要素に分析・分解することである。たとえば、いま頭の中に1つの「考え」があるとしよう。その「考え」は6つの「考えの種」から出来ているものとする。そのとき、「考え」

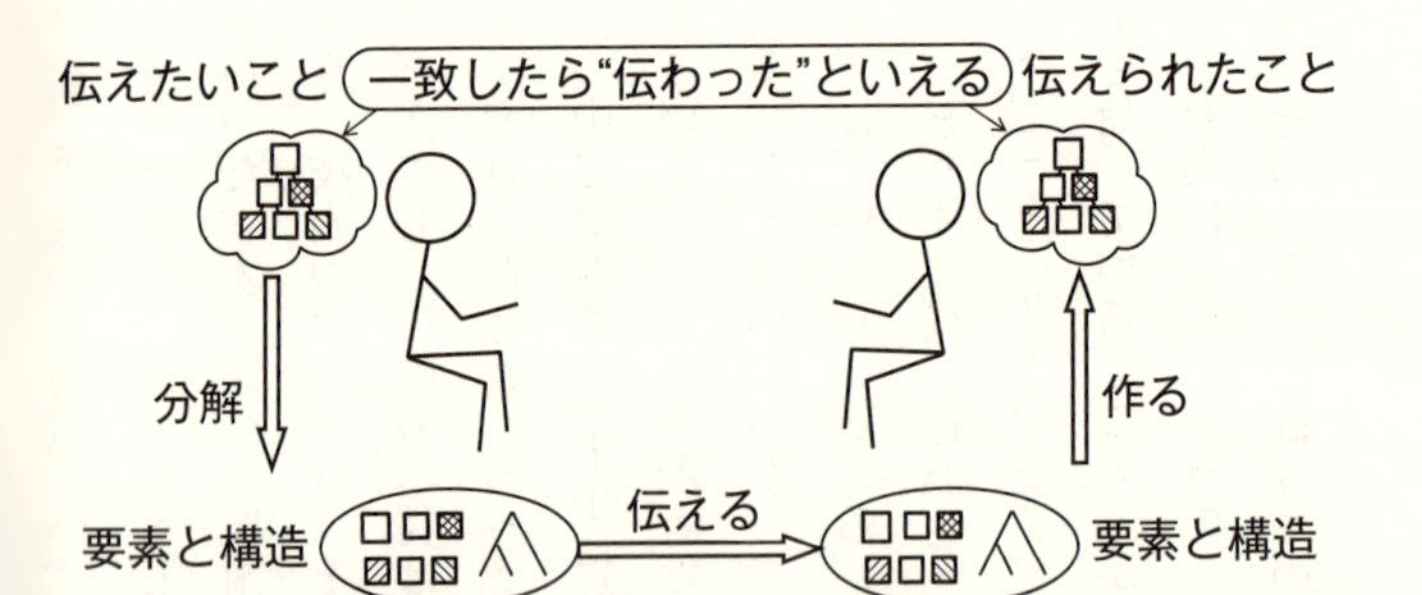

伝えるために必要なこと：
　相手のテンプレートを見抜く
影響
知識，経験，考え方
価値観，行動様式
文化，気

受け取るために必要なこと：
　知りたいという欲求・意志
　知識・経験などの技量

図 2-6　「伝える」とはどういうことか？　伝えれば伝わるのか？→伝わらない

がどんな仕組みになっているかを分析し、その「考え」を分解して「考えの種」を1つずつ取り出すのである。「伝えたいこと」がある人は、それを「伝える」よりも前に、この分析・分解という動作を頭の中でまず行わなくてはいけない。

さて、ここからが肝心なところである。頭の中で分析・分解をした次に、何をするかである。落語では本題の話に入る前に、「エー、本日はお日柄も良く」などと言って、どうでもいいような四方山話から始めるだろう。「マクラ」というやつである。どうしてサッサと本題に入らないのだと言ったら野暮の極みである。マクラには大事な役割があるのである。一見どうでもよさそうな話をしながら、「今日の客はよく笑いそうな人たちかな」とか、「どのあたりを突っつけば面白がるかな」とか、まず始めに客の値踏みをしているのである。

これはつまり、自分の頭の中にある「伝えたいこと」を相手はどう受け取りそうか、どれくらい理解できそうか、相手を打診して観察しているわけである。そして、その打診の結果に従って、相手に要素を話す順番を考えたり、構造の説明の仕方を考えたりしたうえで、相手に「伝える」という動作を行うのである。落語の名人は、その日の客の反応を見て、話の順番を入れ替えたり、話を長くしたり短くしたりするそうである。それと同じである。相手は相手なりの受け取り方や理解の仕方をする。相手をよく見て伝えなさい、ということである。

では、そうして相手に「伝える」と、相手の人はどうするのだろうか。受け取った要素の構造をもとに、「伝えられたこと」を自分なりに頭の中で作るのである。ちょっと言葉が悪いが、「いじくる」とか、「でっちあげる」とか、相手の人は受け取ったものを、ジタバタしながら、作っては壊し、壊しては作って、「伝えられたこと」に作り直すのである。

そうして今度は、その「伝えられたこと」を、元の「伝えたいこと」と一致するかどうか比較する。そこでもし、自分の作った「伝えられたこと」と相手の「伝えたいこと」とが一致すれば、相手はそこで「わかった」となる。その結果として「伝わる」のである。つまり、「伝える」という動作は、相手の「作る」という動作を必要としているわけである。もっと言えば、その上に「わかる」という状態が生まれて初めて「伝わる」のである。

「伝える」と「伝わる」は、似ているようで違う。その違いをよく理解したうえで、「伝える」という動作を行うことが大事なのだと、筆者は木原さんの仕事を通して学んだ。木原さんが師事した安部村下は、「自分でやってみろ」と言うだけで、特別何も教えてくれなかったそうである。その代わり、やってみて駄目なときには、「俺ならこうする」と言って、やり方を見せてくれたのだという。「してみせて　言って聞かせて　させてみる」とは、上杉鷹山の言葉とされているが、まさしくその境地だったのかもしれない。

雨の恵みとたたら製鉄

さて、ここからは余話である。

萩市から車で30分ほど行ったところに、江戸時代末期のたたら製鉄所の全体像がわかる「大板山たたら製鉄遺跡」がある。ここは現在、産業革命遺産として保存されている。高殿や事務所、材料置き場などの跡、鉄を冷やす水溜めの跡まで残っている。

もともとはダムの建設予定地になっていたところで、ダムを作る段階になって、ここに遺跡があることがわかり、ダムの水面を計画よりも下げて保存したのだという。こういうことは珍しいのではないかと思う。遺跡の発掘等の展示もあったが、とても丁寧に順を追って発掘していった様子がわかった。筆者が行ったときには、まだ発掘が終わっていない部分もあるという話だった。

遺跡は谷間の平地にあるが、素晴らしいと思ったのは、遺跡全体をひと目でわかるようにした展示の工夫である。シースルーのパネルに高殿の絵が描かれており、自分の立ち位置を正しく取って遺跡の目標点に視点を合わせると、あたかも高殿が建っているかのように見えるのである。ボランティアの人の説明も極めて的確で、とてもわかりやすかった。

この遺跡を見ているうちに、2008年に訪ねたイギリスの製鉄所跡を思い出した。イギリスで見た製鉄所の遺跡はこちらよりも大規模で、全体が石で出来ていた。こちらの大板山のたたらは木で出来ていたはずなので、いま残っているのは基礎の跡と土止めの石垣と炉の地下構造と思われる。

イギリスの製鉄技術との決定的な差は、動力の利用の差だろうと考えた。イギリスの製鉄所は当初、水を動力源に使っていた。高い位置に遠くから水を引き込んできて、その位置エネルギーを動力に変えて、材料の上げ下げや送風に利用していたのである。やがて水そのものではなく、水から水蒸気への相変化を利用する利点に気づいたことが、産業革命の発端となった。

大板山のたたら製鉄は、産業革命にはつながらずに消えていった遺構である。この遺跡を「産業革命遺産」と呼ぶことには、何かそぐわない気もするが、消えていった技術もこのようにきちんと展示していることは素晴らしいことだと思う。

大板山たたらでは、50年くらいの間に、それぞれ別の人によって3回操業が行われたそうである。不思議に思って、ガイドの人に質問すると、10年から15年操業してしばらく中断したのは、たたら製鉄が多量の木炭を必要とするためであったらしい。一度木を切ってしまうと、森林が回復するまでに10年から15年の時間を必要としたのである。

この説明を聞いて、出雲のたたら製鉄の木炭を思い出した。出雲のたたらでは、1回の操業につき12トンの木炭が必要となる。その木炭を作るために、1ヘクタールの森林が必要であると聞いた。木炭を作るには、樹齢30年から40年の木を使う。かつて最盛期には、1つの炉で年間60回の操業を行っていたというから、継続的に操業を行うためには、単純計算で、1つの炉につき延べ1800ヘクタールの森林が必要であったはずである。1800ヘクタールといえば東京都の面積のおよそ1パーセントに相当する。たたら製鉄を無事操業していくためには、広大な森林の維持管理が欠かせないのである。

それを無視して鉄の生産を行ったのが、豊臣秀吉が朝鮮を侵略したときである。兵を出すには刀や鉄砲がいる。そのための鉄と木炭を供給したのが中国地方であった。ところが無茶なことに、一度に大量の木を伐採したため、一帯は見渡すかぎりのハゲ山と化したそうである。たたら製鉄を操業するのに必要な森林の面積を考えれば、それも当然のことだとわかるだろう。

出雲を含む中国地方は有名な花崗岩地帯である。空気にさらされて風化した花崗岩は「真砂土(まさど)」と呼ばれる。丸刈りにされた山の表層を、粗い砂状の真砂土が覆うようになった。真砂土は雨が降ると流れやすい。中国地方の山々はこのときの森林破壊のために、後々まで荒れた状態がつづいたという。明治時代になってたたらの操業が終わると、鉄を作るために木を切ることはなくなり、また第二次大戦後の植林事業によって、山には緑がもどった。しかし、豪雨に見舞われると砂が流れて、土砂崩れを起こしやすいことは今になっても変わりがない。2014年の広島の土砂災害は記憶に新しいところである。

出雲では「弁当忘れても傘忘れるな」という言葉があるそうである。それくらい出雲では雨がよく降る。たたら製鉄は、その雨の恵みに支えられていたのであろう。森林の生長サイクルをきちんと管理して、継続的に採取できる仕組みを整えられたのは、人々の知恵と豊かな自然があったからこそだと思う。その意味では、雨の少ないイギリスで森林資源が枯渇してしまったこととは、極めて対照的である。もっとも、イギリスはそうした制約条件の下で、エネルギー源を石炭に切り替え、蒸気機関の発明と相まって産業革命を成し遂げたのだから、それもそれで立派なことである。

《蛇足》　大板山のガイドの説明で、あればよかったのにと思ったのは、中国地方と大陸や半島との関係である。たたら製鉄は、中国や朝鮮の製鉄技術とどのような関係があったのか。石見銀山を見学したとき、最盛期にはこの地方に２０万人も人がいて、東アジアで流通する銀の半分近くを生産していたことを知った。それと同じように、東アジアのなかでの中国地方の位置づけをもっと知りたいと思った。

第3章

津波の跡をゆく

定点観測

２０１１年5月、津波の襲来を受けた現地の姿を見て回った。三陸海岸沿いの集落はどこも同じような景色が広がっていた。がれきの山また山。巨大な「工事現場」のようである。しかし、おかしなことに、この「工事現場」にはほとんど人影がない。動いているのはパワーショベルとトラックばかり。完全な無人地帯になっていた。

震災後に訪れた先は岩手県宮古市の田老、目的は「定点観測」である。筆者はかつて、田老の防潮堤と津波について『続々・実際の設計』という本の中で書いたことがある。１５年前に見たあの防潮堤はいまどうなっているのか、この目で確認しておきたいと思ったのである。

筆者が津波災害について初めて知ったのは、本書の第1章で書いたように、大学4年の夏に産業実習で釜石へ行ったときである。休日に海水浴へ行ったとき、近くにあった津波の石碑をたまたま見たのが最初である。夫婦の新婚旅行は三陸海岸で津波の石碑を見て歩いた。以来、なぜか津波のことがずっと気になって仕方ないのである。

田老では震災が起こる前からすでに「万里の長城」と呼ばれるような大防潮堤を作って、次の津波の襲来に備えていた。新聞には、明治や昭和の大津波でひどい被害を受けた後、田老では津波と戦うことに決めたと書かれていたが、事実はそうではない。田老の人たちは、必ず来るとわかっている津波と上手に付き合って被害を最小限にすることを考えていたのである。そうして作ったのが、総延長2・6キロメートルのX字型をした防潮堤であった。

ここで図3-1を見てほしい。これは2011年の震災前の田老を写した空中写真である。X字の左側が古い防潮堤で、右側が戦後になってから追加された新しい防潮堤であろ。古い防潮堤の陸側北西の高所に村役場を設け、そこから放射状に真っすぐ道を延ばし、直角に交わるかたちで太い道路網が通っている。道路の角はすべて面取り(隅切り)が施されていた。これは、逃げるときに、人や自動車が衝突して混乱を起こさないためと、遠くから水が迫ってくるのを目視できるようにするためだったそうである。

X字の上下の内側は主に農地として使っていたようである。X字の上側の場所は次第に住宅が増えていったそうだが、鉄筋コンクリート造のホテルを1軒残しただけで、すべて跡形もなく消えてしまった。いずれ津波が来ることはわかっていても、いつのまにか欲得・便利さを選

図 3-1　2011 年の津波が襲来する前の田老．印をした X 字型のところが新旧 2 つの防潮堤

んで危ないところに家を建て、自分が生きているうちには津波は来ないと都合良く考えて生活しているうちに津波が来た、というのが現実である。きっちり備えをしていた田老でさえ油断していた。我々が本当に学ばなければいけないのは、そこなのである。

防潮堤の役割

震災後、「田老は巨大な防潮堤を作って津波と戦ったがうまくいかなかった」という記事をよく見かけたが、それではまだ考えが足りない。津波による被害は水が押してくるときよりも、水が引いていくときの方が大きいとも言われる。田老の防潮堤ではその知識を活かして、水がいったん防潮堤の内側に押してきた後、奔流となって引いていくのを抑える構造になっていた。田老の防潮堤の大きさや構造、避難路の作り方などを見ると、考えの浅い後講釈の記事はまったくの見当違いであることがよくわかる。

このような見当違いな記事が書かれるのは、防潮堤が津波を押しとどめるための構造物だと考えられているからである。そこに誤解がある。防潮堤は浸入してくる水の量をできる限り少なくし、住民が避難する時間をかせぐための構造物なのである。したがって、いくら高い防潮堤があるからといっても、「津波が来たらすぐ逃げろ」ということに変わりはないのである。ここが肝心である。

しかし、津波が来たらすぐ逃げろと言われても、実際には逃げなかった人が多かった。とくに新しい防潮堤の内側に住んでいた人に多かったと聞いている。田老では、手すりの付いた階段や坂道が町のあちこちに作られていた。その気さえあれば、どこからでも逃げられるように避難路を完備していた。防潮堤の一部は木っ端微塵に壊れてしまったが(図3-2)、住民が逃げるだけの時間はかせいでくれたはずである。それにもかかわらず、沢山の人が津波で流されてしまったのは、逃げる必要がないと考えたか、逃げろと言われても逃げなかったか、さもなければ一度は逃げたのにまた家に戻ったかのいずれかであろう。

どんなに高い防潮堤を築いても、住民が逃げなければ意味がない。もしかすると、田老の防潮堤は住民の人たちに間違って理解されていたのかもしれない。防潮堤の高さに安心して、肝心の「逃げる」ということに意識が向かわなくなっていたのではなかろうか。

高い防潮堤を作ると、海が見えなくなる。津波で被災した後の奥尻島がまさにそうで、海は次第に住民の生活と切り離されていく。やがて住民は津波の怖さを忘れ、海に対して無関心に

図 3-2　津波で木っ端微塵に壊れた田老の新防潮堤．2011 年撮影

なる。高い防潮堤を築けば築くほど、人は津波の恐ろしさを忘れていく、あるいは忘れたくなるのである。粉々に砕けた防潮堤を見ながら筆者はそう思った。

電気を信用しない

次に、場所を移動してX字状の防潮堤の交点にある防潮扉を見に行った。ここは１９９６年にも来た場所で、青い防潮扉はしっかり閉まっていた。扉の開閉のための駆動装置を収めた小屋は、装置本体を残してきれいに消えてなくなっている。これを見て筆者は、「ああ、消防団の人たちは本当に人力でこれを閉めたのだな」と感慨深く思った。１５年前にここを訪れたとき、地元の消防団の人は「電気が来ないと閉められないような扉ではいけないのです」と話してくれた。まずは人力、もしものときは駆動装置の力を借りて閉める。駆動装置は電動ではなくガソリン駆動であった。電気をむやみに信用してはいけないと指摘されて、ハッとしたことを今でも覚えている。

試しに閉めさせてもらったら、最初の動き出しはとても重いが、日頃の整備が良いのでイヤな音ひとつ立てずスーッと動き、ちゃんと閉まった。日頃の整備はその後もしっかり続けていたはずである。津波が押し寄せて来たときも、この防潮扉は狙いどおりにきっちり閉じて、その機能を果たしたのである。

田老の防潮扉は、それから1年後にもまた見に行った。前回来たとき防潮扉は閉じたままだったが、今回来てみると開けられていた。町の内側と海側を行き来しなければならないからである。開いている扉をふと見上げると、固定されている受けに相当する袖壁(そでかべ)の下の部分に不思議なものが見えた。長さ80センチ、幅80センチぐらいだろうか、扉の受けの袖の奥まったところに何やらカラクリを施してあるのである。それをジッと見ているうちにピンと来た。水洗トイレのフロート弁とそっくり同じカラクリなのである。

ここから先は筆者の推論である。こんなカラクリが何のためにあるのか。水門を普段開けておくためには、たぶん一番高いところをフックか何かで留めておく必要があるだろう。そこに大量の水が来るとフロートが浮き上がる。すると、ワイヤーでつないだフックが外れ、水門が動く仕掛けになっているのではないか。津波が迫ってきたら、人が来て扉を閉じられないこともありうる。そういう場合も予め考えに入れて、水の力で自動的に固定のフックが外れ、扉が閉まるカラクリになっていたのである。これには本当に驚かされた。設計者の知恵にいたく感

図 3-3　海側から見た田老の防潮扉．右手に床屋のサインが見える．1996 年撮影

心したものである。

《蛇足》　図3-3はその防潮扉を海側から撮影したものである。津波が来る15年前はこの扉の脇に床屋があった。床屋の主人は「ここは便利がいいから」と言って、この場所に店をかまえていたのである。主人は津波の前に亡くなったと聞いた。店を継いだ息子さんは、津波が来たとき、父親の遺品のハサミを取りに店に戻ったが無事だった。店は津波で流されてしまい、今は更地となっている。

人間の帰巣本能

この防潮扉の上から防潮堤全体を眺めてみた。X字の左の内側が古い防潮堤、古い防潮堤の右側が新しい防潮堤である。新しい防潮堤の半分は木っ端微塵に壊れてしまっていた。ところが、土でできた古い防潮堤の方は破壊を免れて健在であった。なぜだろう？　この古い防潮堤を見ていて、筆者は甲府盆地にある信玄堤のことを思い出した。

信玄堤とは、その名のとおり、甲斐の戦国大名、武田信玄が釜無川（かまなしがわ）の治水のために作らせた堤防である。洪水をそのまま受け止めるのではなく、将棋の駒のような形で、水を2つ、4つ、8つと分けて勢いを削いだうえ、さらには水同士をぶつけてエネルギーを減殺しながら自然の猛威に対処していたのである。

信玄堤は「水をいなす」という思想で作られた堤防である。田老の古い防潮堤もそれと同じように「津波をいなす」という考え方で作られているように見えた(図3-4)。津波の力を真っ向から受け止めるのではなく、適度に逸らして、致命的な破壊を避けようとしたのである。実際、古い防潮堤は、ぶつかってきた水を川に沿って這い上がらせる構造になっていた。そのため壊れなかったのである。

一方、戦後の高度成長期に作られた新しいコンクリート製の防潮堤は、津波に対して真正面から抵抗する構造になっていた。だから、木っ端微塵に壊れてしまったのである。自然の力との向き合い方の違いで、くっきりと明暗が分かれていた。

人間は「3日、3月、3年、30年」という周期で失敗を繰り返す。これは人間の本性に根ざした性質であるから、仕方のないことではある。どんな防災対策をとっても、結局は次の津波が来るまでにまた、人は同じように危険な場所に住むようになるだろう。人間にも「帰巣本

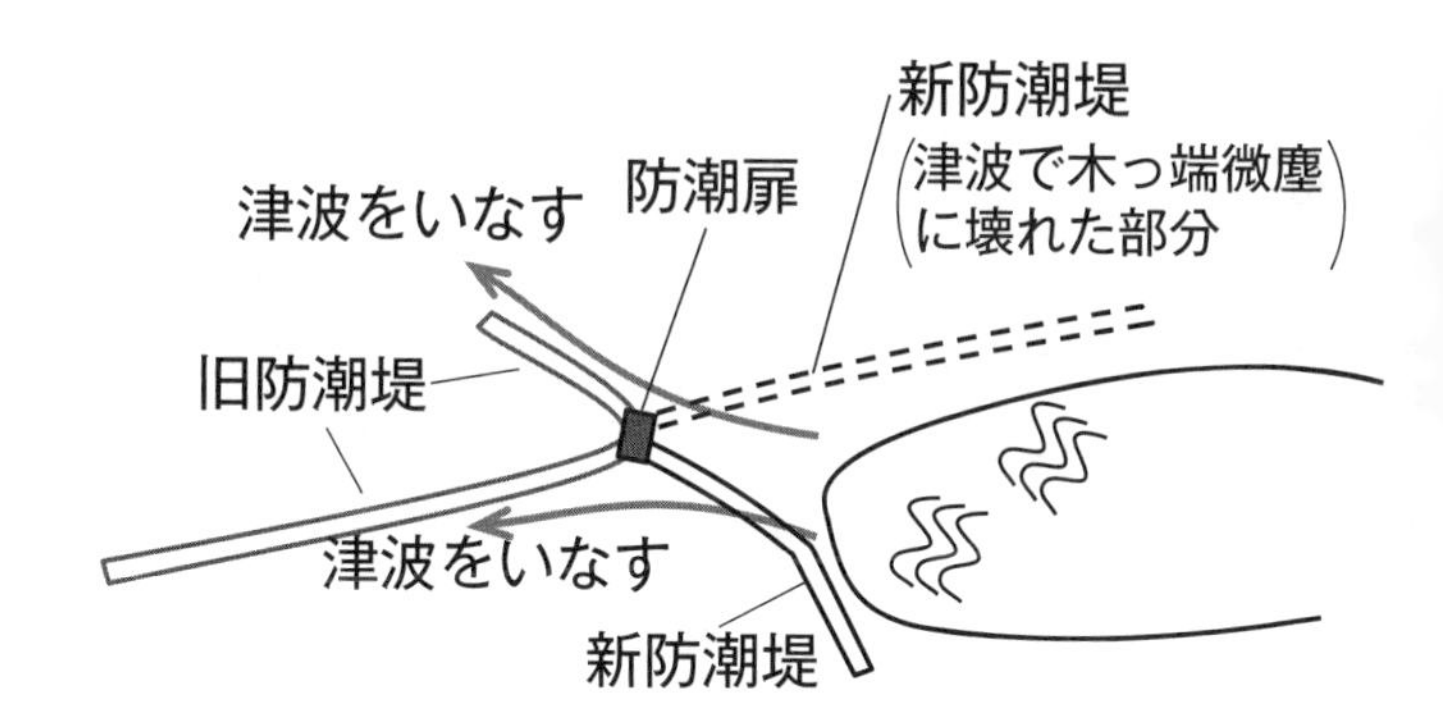

図 3-4　自然の力との向き合い方の違いが明暗を分けた．田老の古い防潮堤には「津波をいなす」という思想があった

能」がある。田老ではもともと、古い防潮堤の内側に街が発達していた。震災後の復興計画で、いったんは低い所に住んでいた住民は高台の居住地域に移転することとなったが、元の地域に戻りたいと希望する住民がおり、古い防潮堤の山側の場所には住居を作ることを認めたそうである。

しかし、このような人間の「帰巣本能」を前提にすると、予め取り組んでおくべきことも見えてくる。ハードウェアとしては高い防潮堤を作らずに、高潮、高波、台風から守れるくらいに止めておくことである。どんなに高い防潮堤を築いても、津波は必ずそれを乗り越えてくる。それをまず前提知識として共有することである。そのうえで、「逃げる」ということを徹底的に意識化しておくのである。高所移転もよいが、むしろ高所に逃げる道をきちんと整備して、それがつねに生きて動いている状態にしておくのがよい。武田信玄は、堤防の上を祭りの順路にして人々に歩かせ、堤防を踏み固めていくのと同時に、いざというときのための逃げ道に慣れ親しませたという。これこそ学ぶべき人間の知恵だと思うのである。

神社の分布と津波

被災した三陸地域を見て歩きながら気がついたのが、神社の分布の重要性である。この場合の神社には2種類ある。海辺にあった小さな仮の祠(ほこら)のような神社と、古くからずっと続く津波の伝承が残る神社である。

仮の祠のような神社があるのは、もともとあった神社が津波で流されてしまい、その後すぐに仮の祠を建てて神社がそこにあった記憶をつなぎ止めておくためであるように思う。集落があるとその近くには必ず神社がある。しかし、何百年～千年に1回という大津波が来て、集落もろとも流されてしまった神社もあるだろう。仮の祠はそうした神社の名残だと思われる。

一方、伝承の残る神社はどれも、10メートル程度の標高のところに鳥居があり、そこから高台や小さな山に登る階段があって、その上に社(やしろ)がある。こうした神社は、過去の大津波にも流されずに残ったと考えられる。ということは、これらの神社を線で結んでいくと、おそらく津波到達の辺縁が浮かび上がってくるはずである。つまり、これらの神社は、津波の最終到達地点上に建っているのではないかと思われる。

岩手県大槌町の避難所になった大槌稲荷神社は、津波の駆け上ってきた地点からさらに10～15メートル上の高台にある。この高台は安渡(あんど)の集落の方に突き出した形となり、避難所としても最適な位置にある。大槌稲荷の宮司の方が話してくれたが、炊き出しをするために土を掘ったところ、赤く焼けている土の層が出てきて、そこで初めてこの神社が昔から避難所として使われていたことに思い至ったそうである。

大槌の町が津波の被害に遭うと、住民はみなこの神社に避難してきて、煮炊きをしていたのではないかと思われる。結局、そういう神社だけが今日まで残ってきたということだろう。神社は信仰の対象であるといえば、それはたしかにその通りである。しかし、もう少し見方を変えると、人間が作る居住域と自然との接点という見方もできるのではないだろうか。

神社は長らく地域社会の中心であったが、最近は、氏子の寄進で維持することが難しくなってきたと聞く。よほど大きな神社以外は宮司がいなくなり、一人の宮司が複数の神社を掛け持ちしたり、合祀というかたちで神社の統廃合が行われている。このまま人々の神社への関心が薄れていくと、いずれ災害の記憶も一緒に消えてしまうことになるかもしれない。

《蛇足》 このような宗教と生活とがどんどん分離していくことは日本だけで起こっているのではなく、キリスト教の文化圏でも同じである。1993年にフランスに行ったとき、ブドウ畑の真ん中にある小さな町でも同じことが起こっていた。町の中にある教会の入り口に板が打ち付けられていたのである。聞いてみると、教会を維持するだけのサポートが受けられず、司祭もいなくなったので閉じてしまったと言っていた。

津波石を見に行く

２０１４年には石垣島へ津波石を見に行った。ただし、このときはいつもの視察旅行ではなく、夫婦の二人旅である。仕事で日々とても忙しく、夫婦で出かけることなどほとんどないので、ゆっくり旅行をしようということになった。1年前から予定を空けて秋の一番気候が良いときに出かけたのである。

どこに行きたいかと妻に尋ねられたので、「石垣島の津波石を見に行きたい」と答えたら、「久しぶりの夫婦旅行なのに、また津波なの？」と言って笑われた。そういえば、わが夫婦の新婚旅行は三陸の津波跡を見て歩いたのである。いつものことながら妻には申し訳ないと思いつつも、そこしか行ってみたいところが思いつかないので、結局行くことにした。

台風が来て本当に行けるかどうかヒヤヒヤしたが、出発が1日遅れたものの、何とか無事に石垣島に行くことができた。空港で拾ったタクシーの運転手に「津波石を見たいのだ」と話したところ、「それでは自分が知っているところを案内してあげる」と言ってくれたので、その人の案内で島を回ることにした。

ところが、津波石のある放牧場は乗用車では入れないらしい。そこで、急きょ軽トラックに乗り換えての島巡りになった。説明を聞くために筆者が助手席に、妻は小さな畳を敷いた荷台に乗りこんだ。荷台には摑まるところも何もないので、道も良くないし、ゆっくり走らなければ飛び出してしまう。360度全部周りが見えると言って妻は面白がってくれたが、後ろが気になって仕方ない。妙な見学旅行となったが、ともかく出発である。

明和の巨大津波

ここで図3-5を見てほしい。これは、石垣市のホームページをはじめ事前の情報収集で筆者が自作した津波石の分布図である。これを見ると、津波石は島の東と南の海岸に分布していることがわかる。南の方から順に説明する。

「津波大石(うふいし)」は宮良湾(みやらわん)近くの標高10メートルくらいの高台にある。

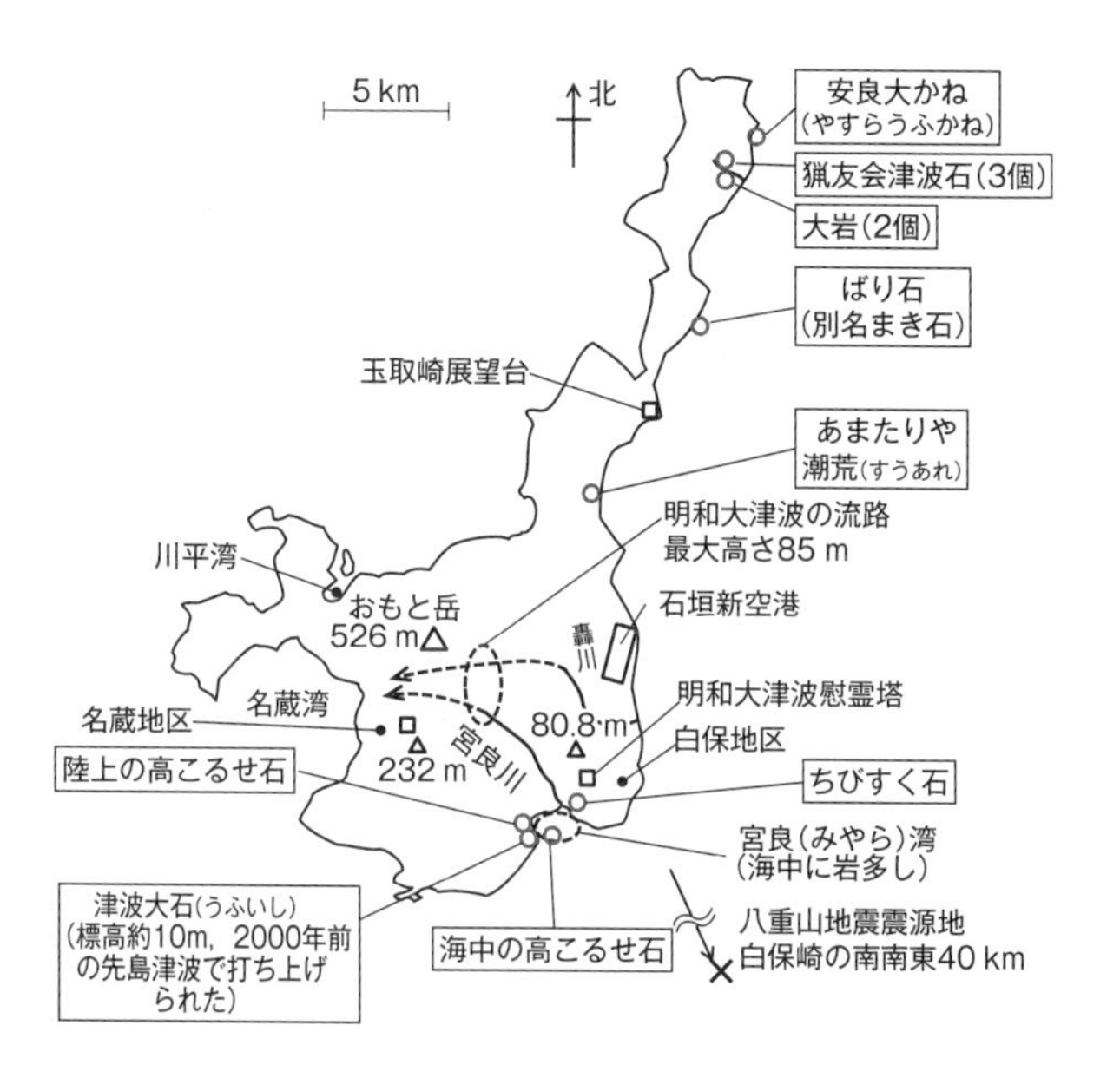

図 3-5　石垣島の津波石の分布と「ばり石」

島でもっとも有名な津波石である。1771年の明和地震による大津波で打ち上げられたと言われてきたが、正確な年代測定の結果、約2000年前に打ち上げられた津波石であることが判明している。そのすぐ北に「高こるせ石」がある。これは牧場の石塀の一部に使われていた。宮良湾の海中には、このような津波石があちこちに転がっているようで、水面に顔を出している石がたくさん見える。そこから少し北に行くと、丘に打ち上げられた「ちびすく石」がある。「津波大石」も「高こるせ石」も「ちびすく石」も、どれもサンゴ礁が津波で切り取られて打ち上げられたものである。陸に打ち上げられたこれらの石は、今では木に覆われていて、根が岩に食い込んでいる。下が岩で上が木という面白い形をしているので、遠くから見てもすぐにそれとわかる。見慣れてくると、石垣島のごく当たり前の景色のように思えてくるから不思議である。

その北の方に「明和大津波遭難者慰霊之塔」がある。この慰霊塔は標高60メートルほどの位置にあるが、これは三陸地方の各地にある津波の碑と同じく、この地点まで津波が駆け上ってきたことを示すものである。三陸の津波や奥尻島の津波よりもはるかに高い。上がってみると信じられないくらいの高さで、背筋が寒くなった。慰霊塔の東側の海岸が白保(しらほ)地区というところで、ここの集落は明和大津波の襲来で全員が死んでしまったという。

明和大津波は、1771年(明和8年)4月24日、白保崎の南南東40キロメートルの地点を震源とするマグニチュード7・4の地震が引き起こした津波である。津波の最大高さは、石垣島の宮良台地の牧中(まきなか)で85・4メートル。驚くべき巨大津波である。

津波は宮良村の海岸から宮良川(みやらがわ)、そのすぐ北側を流れる轟川(とどろきがわ)、磯部川(いそべがわ)を遡るように浸入し、島の中央部から山と山との間を縫って、反対側の名蔵湾(なぐらわん)に通り抜けて行ったということである。この津波で石垣島の総面積の40パーセントが海水で浸ったというから、低いところにある平坦地はすべて水で流されたと考えられる。薩摩藩は琉球に人頭税を課していたために、地震および津波の被害状況や水の到達位置、死者数などが非常に正確に残されているそうである。それによると、八重山群島の総人口約2万9000人のうち9300人あまりが死亡したという。

津波石の生成のメカニズムを筆者なりに考えて描いてみた(図3-6)。島を取り巻くようにサンゴ礁があり、その外縁の外側は深海になっている。津波の射流による非常に大きな衝撃力がサンゴ礁の外縁に当たると、サンゴ礁はもろくて引っ張り強度が小さいので、弱い部分がもともとの岩礁から剝ぎ取られる。
図3-6では剝ぎ取られたサンゴ礁をわざと真四角に描いたが、海底や陸地を転がっていくうちに角が取れて丸っこくなっていったと考えられる。サンゴ礁は層状になっていてもろく、水平方向の力にも、垂直方向の力にも弱い。時を経るに従って、鳥が運んできて岩の上に落とした木の実から芽が出て、やがて根を張り、その根が岩を崩していく。2つや3つに割れて、今のように上に木が生えた格好になっているのは、そういうプロセスを経た結果である。

《蛇足》 同じような現象が1792年、「島原大変肥後迷惑」での有明海でも起こっている。眉山(まゆやま)で崩れた岩塊が有明海の中に点在しているが、多くの岩は上に木が生え、下が丸っこく浸食されているような形になっている。

海中を水平方向に勢いよく流れる水が、川に集まってくると、通常の川の流れとは逆向きの海側から来る鉄砲水になる。こういう津波はすべてのものを突き崩し、押し流していく強烈なエネルギーを持っている。とてつもない破壊力で、巻き込まれたものはすべて流されてしまう。

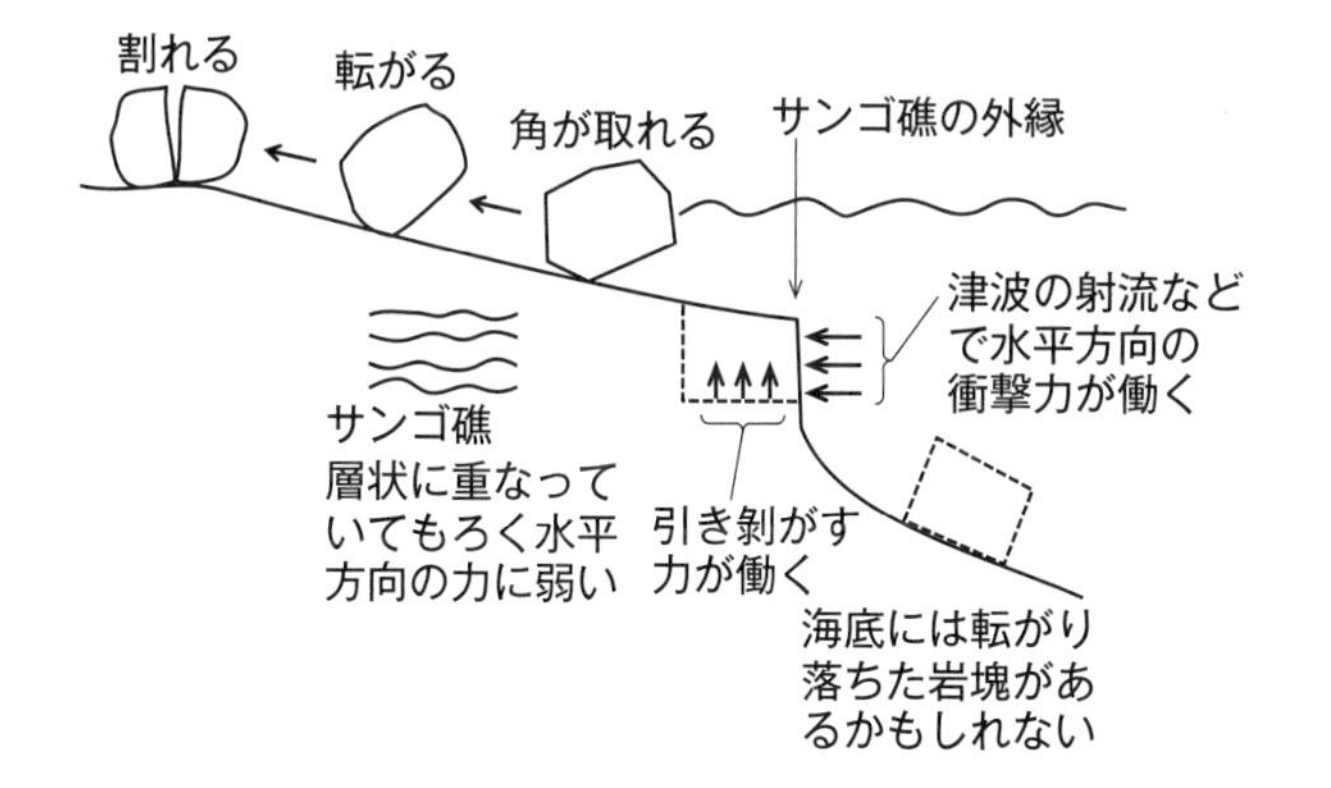

図 3-6　津波石のできるメカニズム(筆者の想像)

さきほどの図3-5の地図を見るとわかるように、石垣島の東海岸側から来た津波は、宮良川や轟川を遡って85メートルの高さにまで到達し、そのまま島の反対側にある名蔵湾まで一気に流れ落ちて行ったのである。

「85メートルの津波」と言われてもイメージするのは容易ではない。しかし、実際に現地を歩き、津波石の巨大さを見てみると考えがすぐに変わる。津波は水平方向にもの凄い勢いで押し寄せ、このような巨大な石を押し流してきたのである。石は10メートルくらいの高さで止まったが、水自体は85メートルの高さまで、まっしぐらに駆け上って行ったのではないかと思われる。不意を突かれた人々は、おそらく何が起こったのかもわからないまま、海に流されてしまっただろう。

これだけ大きな津波災害がわずか250年前に起こっているのに、本土の人で知っている人はほとんどいない。大事故や大災害が起こると、みなすぐに口をそろえて同じことを言う。ヤレ「今までに経験したことのない大災害だ」、ヤレ「100年に一度の大惨事だ」と。これは結局、人間は自分自身が経験したことでしか考えられない、と言っているに等しい。人間の記憶はせいぜい100年くらいの間に起こったことしか思い浮かばないのである。

筆者は、２００７年に奥尻島の津波の跡を訪ねた。奥尻島は１９９３年の北海道南西沖地震による津波に襲われ、１７２人の犠牲者が出た。当時の島民の5パーセントの人が亡くなるという大災害である。島の人の話では、言い伝えは昔からいろいろあって、「大地震が来たら津波が来る。すぐに高台に逃げろ」ということは知識としてはもっていたという。しかし、実際に大地震が起こって津波に襲われてみると、頭で知っていることと自分の行動とが、まったく結びつかなかったそうである。思考が完全に止まってしまい、目の前で起こっていることをただ見ているだけで、どのような行動をすべきか判断できなかった、と話していた。

筆者は、ここが津波防災の鍵ではないかと思うのである。知っていても行動できないということは、知識と行動とを結びつける「行動回路」ができていない、ということである。一度見て知っただけでは、知識は記憶回路の一番深いところへ簡単に沈んでしまう。一度沈んだら最後、思い出せるならまだしも、それを行動にまで結びつけることは、まず無理である。知識と行動を結びつけて、緊急の場合でも即座に体が動くようにするためには、日常的な訓練が欠かせない。頭で覚えるだけでなく、実際に体を動かして、自分の頭と体に行動回路を作る必要があるのである。さきに述べた武田信玄の知恵をぜひ学ばなくてはいけない。

技術の街道をゆく

第4章

ミクロの世界をのぞきに行く

岩を作り直す

このところ足繁く八ッ場（やんば）ダムの建設現場を見に行っている。八ッ場ダムに関しては、ここに至るまで紆余曲折があったが、ともあれダムは作られることになった。おそらく日本で作られる大きなダムは、ここが最後になる。そういう意味もあり、この巨大土木構造物の建設現場をしっかり見ておこうと思って訪ねているのである。

現場ではいま急ピッチでコンクリートの打設作業が行われている。ダム右岸の展望台から見下ろすと、建設現場が一望のもとに見渡せる。頭上にクレーン用のケーブルが張り渡してあり、バケットが忙しく上下左右に行き来している。バケットは見たところ30トンくらいの内容量だろうか。ケーブルにつながれた可動車で高速に動き回っている。バケットが所定の位置に来ると、中味のコンクリートが吐き出され、それをブルドーザで敷きならし、振動ローラで締め固めている。

こうして3日に1メートルのピッチでコンクリートを積み上げていくわけだが、1つの平面を作るのに丸3日かかるそうである。これを高さ100メートルまで積み上げるわけだから、都合300日かかる計算になる。筆者が最初見たときは、展望台の遥か下の方でブルドーザがまるでミニカーのように見えたが、昼夜兼行の突貫工事のため、見に行くたびに底がみるみる上がってくるのがわかって面白い。

ここで使われるコンクリートは、スランプゼロのコンクリートだそうである。スランプゼロとは、検査用の筒の中にコンクリートを入れ、その筒をスッと引き抜いたときに形がそのまま保たれる状態のことをいう。つまり、液体としての性質をまったく持たないコンクリートである。コンクリートというとふつう、ビルの建設現場などで使われる「生コン」を思い出すが、ここで使われているのは、そういう流体状のコンクリートではない。むしろ、アスファルト道路の敷設で使われている、砕石や砂のようなものを思い浮かべる方が近いかもしれない。「ビチャビチャ」ではなく、「ガサガサ」のコンクリートなのである。そのようなスランプゼロの超硬練りコンクリートを締め固める施工方法は日本独自のものらしく、RCD(Roller Compacted Dam-Concrete)工法と呼ばれるそうである。

このRCD工法は、筆者の目から見ると、「ダム全体を1つの岩にしたい」というダム屋の長年の夢を実現したものに見える。もともと1つの塊になっている岩を砕き、大石・中石・小石に振り分けて骨材とし、大石と大石の間にできる空間を中石で埋め、中石と中石の間にできる空間を小石で埋め、小石と小石の間にできる空間をセメント粉と水とをまぶした砂で埋め尽くして、空気が中に残らないように密に一体化したコンクリートで、望む形状の「岩」に作り直していると考えられる。

結晶化の作用によって100年の歳月をかけて強く成長していくのが、ダムという構造物である。つまり、ダム屋の人たちは、100年単位の時間スケールで「岩の作り直し」をしているわけである。

《蛇足》 ダム屋の人たちの頭の中には、ダムの本当の完成は100年後という考えがあるのかもしれない。普通は工事がすべて終わって無事竣工となったときに完成と思うだろう。ダムの場合はたぶん、そうではないのである。ダム屋の人たちは時間軸を入れてダムを見ているように筆者からは見える。

ところで、「作り直し」という視点から見ると、筆者の目には、八ッ場ダムが有田焼の器とまったく同じ物に見えてくる。技術屋の目で見ると、有田焼も、原料の陶石(とうせき)を成形して器の形にするため、一度砕いて粉の状態にして形を整え、焼き固めて元の「石」に戻している、という見方ができるのである。

粉末状のものを焼結すると、ふつうは陶器や土器のように多孔質の焼き物が出来上がる。陶器の組織を電子顕微鏡で見ると、焼結した粒子と粒子の間に空気が入ってスカスカになっているのがわかる。ところが、有田焼のような磁器では、粒子と粒子の間の空隙がガラス固化して完全に密着し、空気が一切入っていない。つまり、あたかも元の石を石のまま削り出して作ったかのようなものが出来上がるのである。まさに「石の作り直し」を行っているわけである。

ストーク・オン・トレント

有田焼は佐賀県有田町で作られている磁器である。磁器の製作は、原料となる陶石をクラッシャーで小石になるまで砕き、その小石をスタンパで細かく粉砕して粉状にすることから始まる。次に「水ひ」といって、陶石の粉末を水槽の中の水に散らしてから、上澄みを分離して沈殿物を絞り、粒径のそろった陶土(とうど)を取り出す。この陶土を、製品や用途に応じた成形法(ろくろ成形、形打ち成形、鋳込み成形、排泥法など)で器の形に整え、生地(きじ)を仕上げる。その生地を乾燥させて窯で焼くことで、磁器が出来上がるのである。

話は少し逸れるが、筆者はイギリスのストーク・オン・トレントという町に行ったことがある。ここは陶磁器の町として世界的に知られ、英国食器が好きな人ならば一度は行ってみたいと思う憧れの地だそうである。ここに窯業博物館があるというので、足を運んでみたのである。

博物館の門を入ったところにまず、高さが3メートルほどの大きな碍子(がいし)が並べられていた。碍子は送電に不可欠の器具だが、成形・焼成がとても難しいと、以前に見学した日本ガイシの工場で聞いたことがある。その碍子が、いの一番に並べられていることに、自分たちの技術に対する誇りが感じられて面白かった。こういう意図で展示する人たちならば、陶器で形を作るのが難しい便器も展示しているかも知れないと思ったら、まさにそのとおり。なんと便器の石膏型も置いてあったのである。

知らない人が見たら「これは何だ?」と不思議に思うかも知れない。便器のような形はしているが、何かのオブジェのようにも見える。しかし、筆者にはひと目でわかった。そして、こ

図 4-1　ストーク・オン・トレントの窯業博物館に展示されていた便器の石膏型．表面に見える筋状の線が，型の継ぎ目になっている

の便器の型を見て、展示を企画した人の意図も即座に理解できた。この型は、技術者たちの想像力の塊なのである。筆者は、この展示物を通じて企画者と会話ができたと思うと共に、技術の根本を押さえて展示する技術屋の心意気を感じた。図4-1はそのときに撮影したものである。この型の内側に便器がそっくりそのまま収まる恰好になっている。この型からどうして便器が出来上がるのかを考えてみれば、この展示の意図はわかるのではないかと思う。見る側の想像力が試されているのである。

陶磁器の生地を作る成形法にはいろいろあるが、便器のような複雑な形をした磁器を作るときには「排泥法(はいでいほう)」という方法が用いられる。排泥法では、作りたい形状を内面とする石膏型をまず作る。そして、その石膏型に陶土を注入し、しばらく時間を置いて待つ。すると、陶土の水分が石膏型に吸収されて、型の内側で陶土が、膜のように張り付いた格好で徐々に固まっていく。その固まった部分の厚さが望みの厚さにまでなったら、型の中に残っている余分な陶土を捨てる。「排泥法」という名前はそこから来ている。そうして、型の中の余分な陶土を捨てたら、型に固着した部分が乾いて完全に固まるのを待つ。最後に、石膏型を分解して、固まった生地を取り出すのである。

排泥法の型を見て、実際に出来上がるものをイメージするのは、ちょっとしたクイズにもなるくらい想像力がいる。日頃お世話になっている便器だが、その形からして排泥法で作っているに違いないと考えていたものの、型の実物を見るのは初めてだった。まさかイギリスまで来て実物にお目にかかれるとは思わなかったので、大層驚いたものである。

ミクロの視点から見る

さて、磁器と他の焼物との違いは、原料が粘土でなく陶土であること、焼成温度が高いことである。この違いが、水をまったく吸わない、白くて透光性のある磁器独自の特徴を生む。有田で磁器が発達したのは、製作に非常に適した陶石が産出するからである。豊臣秀吉による朝鮮出兵の際、朝鮮半島から連れてきた陶工が良好な採石場所を発見し、窯を開いたのが始まりだという。

有田焼で注目されるのは焼成温度である。成形された生地は、焼成と絵付けを交互に行いながら、段階ごとに温度を上げて窯の中で焼かれる。まず「素焼き(すやき)」といって９００℃くらいの温度で生地の仮焼きをする。次に、仮焼きした生地に酸化コバルトを主成分とした青い絵具で絵付けをし、釉薬(ゆうやく)を塗ってから1300℃くらいの温度で本焼成をするのである。

この「1300℃」という温度は、たたら製鉄の炉の中の温度とほぼ同じくらいの温度である。たたらの方は最高で1450℃になることがある、と村下の木原さんは話していた。たたら製鉄では、原料の砂鉄の粒径が非常に小さいために、必要最小限の温度で鉄の還元ができて純度の高い鋼ができる。原料の粒径と温度との間には密接な関係があるのである。1300℃というのは不思議な一致だが、おそらく同様のメカニズムが有田焼の焼成でも働いているのではないかと思われる。

では、焼成の工程でどんなことが起こっているのか。それを知るには「ミクロの視点」が必要である。ミクロの視点で見てみると、有田焼の独自性が見えてくる。図4-2は陶土の粒子が結合して一体化するときの様子を示したモデル図である。焼成する際に温度を上げていくと共に、粒子と粒子の接触部分で原子の拡散が始まる。すると、陶土の粒子のガラス質が流動性を持ち始め、接触部分のへこんだところに流れて物質が移動していく。この部分が加熱と共に成長して、粒子と粒子の隙間が埋まって互いに結合し、粒子の再結晶化が起こる。こうして緻

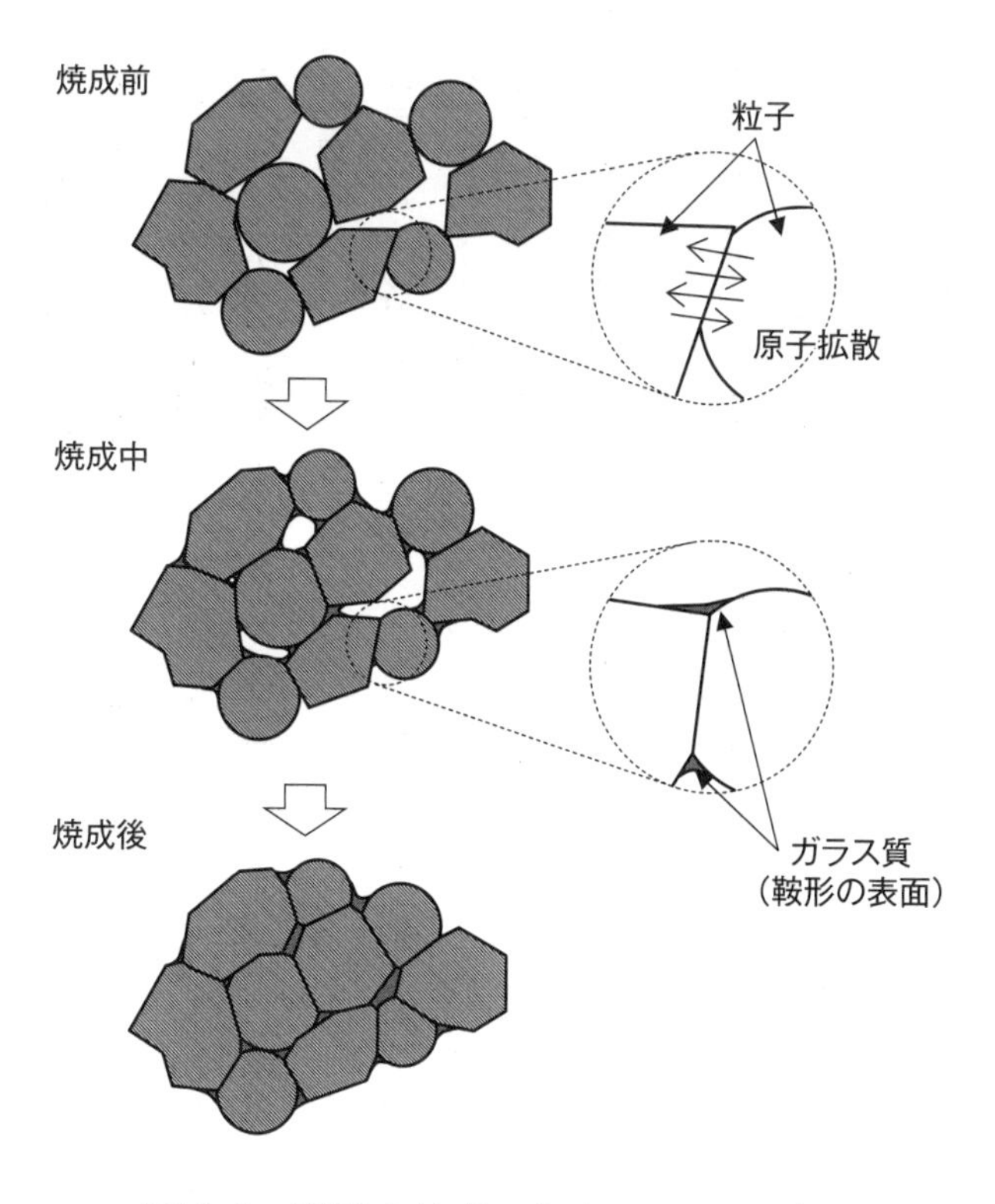

図 4-2　磁器の焼成のミクロメカニズム

密な結合体が出来るのである。

ダムのコンクリートも、粒子と粒子の隙間をより細かな粒子で充塡して、緻密な結合体を作るということでは、有田焼とほとんど同じことをしている。これを「最密充塡(さいみつじゅうてん)」というが、コンクリートの場合は熱ではなく、圧力と振動によって隙間を埋めていくところが異なる。

技術はまったくのゼロから突然現れるわけではない。他分野での経験の蓄積や物理モデルの共有から生まれてくる技術、というものもある。これは、応用とは違うものだと筆者は考えている。たとえば、積層セラミックコンデンサは、「焼き固めて緻密な結合体を作る」という見方からすると、技術の本質としては有田焼と同じである。

積層コンデンサは、チタン酸バリウムのシートを加圧成形し、全体を焼結して、幅0・3ミリ、高さ0・3ミリ、長さ0・6ミリの成形品を作る。俗に「サブロー」と呼ばれ、iPhone などのスマホには1台で200個以上使われている。半導体や液晶の競争で外国メーカーに敗れたいま、日本の電機産業では知る人ぞ知る花形である。世界のトップメーカーは村田製作所だが、この会社の起源は清水焼(きよみずやき)の製陶所である。

このように、一見まったく別物に見える技術も、ミクロメカニズムの視点から見ると、ほとんど同じというケースはよくある。古来の焼物の技術が、現代の最先端技術と深いつながりをもつのは、その良い例であると思う。

酒井田柿右衛門

日本での磁器の技術は、16世紀にまでさかのぼる。有田では当初、無地の白磁や青磁が作られていたが、やがて単色から始まり、次第に多色の絵柄が付けられるようになっていったという。17世紀になると、焼成技術の発達にともなって、中国で編み出された「赤絵」も試みられるようになった。その赤絵の磁器を日本で初めて製作したのが、初代酒井田柿右衛門（さかいだかきえもん）である。乳白色の地肌に赤色の上絵を焼き付けた「柿右衛門様式」という作風が生まれた。

2007年、筆者はその酒井田柿右衛門の窯を見学に行った。意外であったのは、「酒井田柿右衛門」は一種の産業群になっていることである。焼物の窯元というと、芸術家肌の代々の家元がいて、その人がすべて自分一人で作っているように想像していたが、どうやら様子が違うのである。これは有田焼全体の特徴だそうだが、製作は完全な分業体制で、成形、焼成、絵付はそれぞれ専門の熟練職人が分担して作られている。酒井田柿右衛門という人はもちろん実在するのだが、個人の陶芸家というよりむしろ、職人チーム全体を統括する監督兼デザイナーというのが近いかもしれない。「酒井田柿右衛門」は固有名詞であるのと同時に、ブランドでもあるのである。

変えないことの価値

有田焼の技術について考えるときに面白いのは、磁器の製法自体は、約４００年にわたり、本質的に何も変わっていないことである。技術としては、朝鮮の陶工が窯を開いて数十年のうちに確立しており、以後、大きな変化はない。そんな技術があるのかと筆者には大いに驚きであった。

筆者のような技術屋は、ともかく技術は新しく進歩すべきもの、とハナから信じて疑っていない。酒井田柿右衛門氏の話では、自分たちはただ美しいものを作ることが第一で、技術はそのためにある、ということであった。これは技術を二の次にしているということではない。仮に技術を変えて、それで美しいものが作れるならば変えるかもしれないが、自分が美しいと思うものが作れるうちは変えない、という姿勢で技術と向き合っているのである。筆者をはじめ、技術屋はとかく変えたがる。変えないことの価値というものを教えられた。

時間軸を入れて変化を見る

しかし、有田焼が４００年間まったく何も変わっていないか、というと必ずしもそうではない。世につれ時代につれ、技術に対する人々の要求は移り変わってゆくものである。また、技術に対する制約条件も変わってゆく。それでも同じ物を作り続けていかねばならないとき、技術は変わらなくてはいけない。

ただし、有田焼で注目すべきところは、「変えないために変える」という動作を一貫して行ってきたことである。有田焼をその発祥から時間軸に沿って、「技術」「ニーズ」「リソース」「経済」「時代」「人」「生活」「芸術」という要素の変遷から見ていくと、技術の根幹は変えずに、要素をさまざまに変えて現在に至っている様子がわかる(図4-3)。こうした要素の変化はすべて、時代や環境の変化に対応していくために変わっていった結果である。

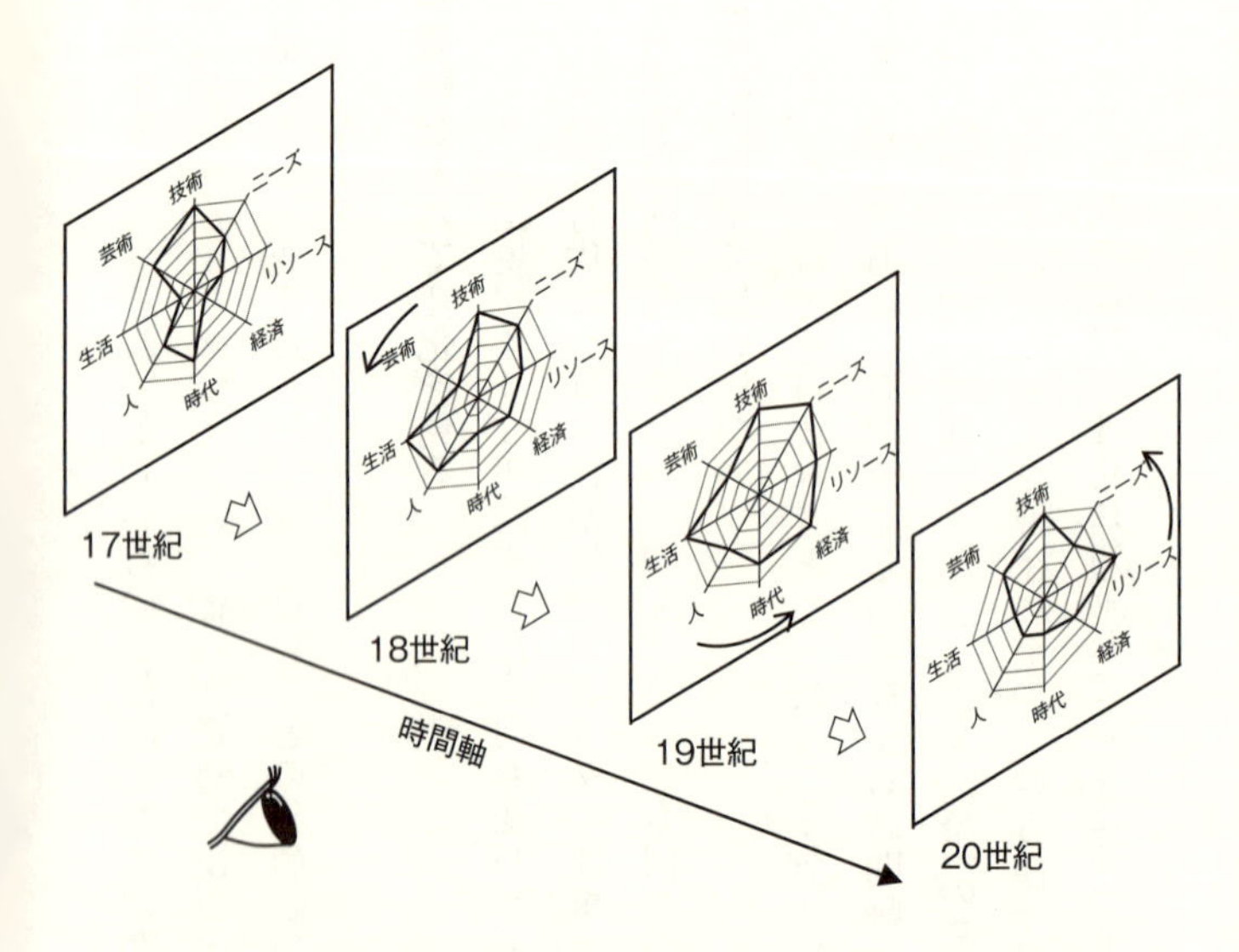

図 4-3　時間軸を入れて変化を見る．要素の重要度は時代ごとに変わる

　有田焼は17世紀以来、長崎の出島を通じてヨーロッパに輸出され珍重されてきたが、一時下火になっていた中国の磁器が、18世紀になって世界市場で力を持ち直し始めると、それまで握っていた大きなシェアが減少した。こうした状況変化に対応するため、有田では国内市場の開拓と流通の拡大に重心を移した。それまで生産していた海外で珍重されるような製品に替えて、国内の人々の日用道具としての製品に力点を置くようになったのである。社会の要求を上手につかんで、自らを変えてきたのが有田焼の歴史であると言ってよいだろう。酒井田柿右衛門氏の「美しい物を作る」という言葉の裏側には、このように「変わらないために変える」という柔軟な考え方が隠されているのである。

　たたら製鉄で木原さんの師匠であった安部村下も、おそらくこの「変えないために変える」を実践した人であったと筆者は思う。砂鉄、木炭、炉材の土もみんな変わるなか、そうした条件の変化を上手に取り込み、「変えない」ためにじつに多くの努力と工夫をこらしていった。長く続く技術には「変えないために変える」がある、と筆者は思うのである。

第5章

技術の系譜をたどる

アイアンブリッジで考えたこと

いま目の前にあるものを見て時間軸を逆にたどり、「どのように作られたのか」「どんなことが起きたのか」と考えていくと、今という時点での静止画的な断面図から想像や推察を駆使して、生きいきと動く立体図を作ることができる。こうした「時間軸を入れる」という見方が大事だと筆者は思っている。

2008年、イギリスの産業遺跡を見て歩いたときには、大学で同僚だった中尾政之氏と「あれはこうやって作ったんじゃないの?」「いや、たぶんこうやって作ったんですよ」などと、お互いの考えを競い合った。われわれ技術屋ならではの見方かもしれないが、旅先ではそういう観察をして楽しんでいる。目の前にある出来上がったものを見て、時間軸をさかのぼり、それを作った人の頭の中をのぞいて見るのである。

ロンドンのミレニアムブリッジを皮切りに、イングランドのアイアンブリッジ、ブレナボンにある製鉄所跡、フォックストンの閘門(こうもん)、マンチェスター・リヴァプール間鉄道などを見て回った。どれもイギリスの産業革命の結晶といえるものである。

アイアンブリッジはとくに印象深い。名前のとおり「鉄の橋」で、ゆったりと流れるセヴァーン川をまたいで作られた、じつに優雅で美しい橋である(図5-1)。川は数百トンクラスの運搬船が今も往き来する運河になっている。

さて、このアイアンブリッジだが、橋の下の道からつぶさに観察してみると、いまなら必ず使うに違いないボルト(おねじ)とナット(めねじ)がまったく使われていないことに気がついた。よく見ると何やら木を組んだような構造になっている。こんな構造にするなら、わざわざ鉄を使わず木材で作ればいいのに、どうしてこんな作り方をしているのだろうと不思議に思った。

使われている部材を近くで見てみると、この橋の鉄はどうやら、鋼(はがね)ではなく鋳鉄(ちゅうてつ)であるらしい。鋳鉄と鋼は外観を見ればひと目で区別がつく。鋳鉄は鋳型(いがた)に接していた表面がそのまま残り、鋼は槌(つち)で打った痕(あと)やそれを磨いた跡などが残るのである。橋の中央部で鉛直荷重を支えるアーチ状の部材は、湾曲した角柱である。断面のうち3面には、鋳型の内面の跡がくっきり残り、小さな凹凸はあるが全体としては平らな表面をしている。残りのもう1面は、溝状の鋳型の中を鋳鉄が流れたときの跡が残り、でこぼ

図 5-1　英国(イングランド，シュロップシャー)のアイアンブリッジ

こした表面になっていた。食パンの表面を思い出すとイメージしやすいかもしれない。

このアーチ状の部材はどうやって作ったのだろうか。たぶん、水平な地面に大きな砂型をくり抜いて、溶かした鋳鉄を流し込んで固めたのではないか（図5-2）。水平な地面に鋳物砂を敷きならし、そこに円弧状の角断面溝を掘りこみ、その溝に取鍋（とりべ）または傾注鍋から溶けた鋳鉄を注ぎ込んで固めるのである。注入に際しては、上方への放熱を防ぐため、砂型の中は木灰か赤熱した木炭を敷きつめておく。このように鋳造作業を行えば、底面と両側面には鋳型側面の平らな模様が残り、上面は自由表面となってデコボコの表面になる。冷えて固まったら砂型から取り出して一丁上がりである。

いまなら鋼を使って作るだろう。鋼は鋳鉄より引っ張りの力に強い。しかし、鋼を作るには、いったん含有炭素量の多い銑鉄（せんてつ）を作り、それから炭素を取り除く工程を経なければならない。アイアンブリッジの建設は１７７９年だから、当時はまだ炭素を取り除く技術は確立していなかったはずである。そこで鋳鉄が使われているのだろう。

以上のように想像をふくらませてアイアンブリッジの設計・製作の様子を思い描き、見学を立体化して楽しんだ。あとで見物料を払い、橋を渡ってみたら、橋の中央の欄干に「１７７９

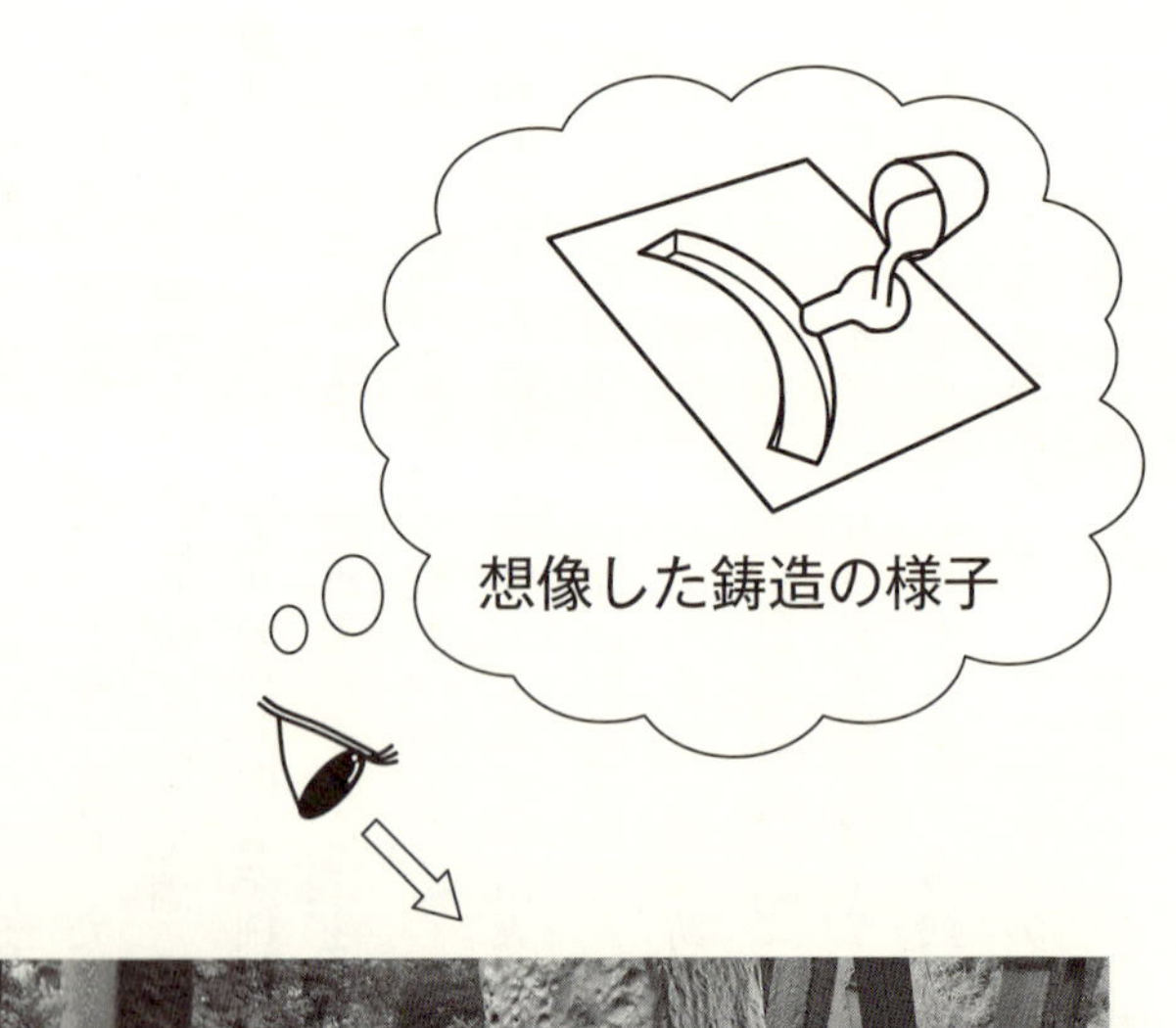

図 5-2　アイアンブリッジの部材の外観．それを見て筆者が想像した鋳造の様子

年」の銘板があった。日本でいえば明治維新の約100年も前のことである。よくもこんなものを作ったものだと思うのと同時に、産業革命の力強さに改めて感心した。

マンチェスター・リヴァプール間鉄道

産業遺跡どころか、今も現役だというマンチェスター・リヴァプール間鉄道には、昔からずっと行って見てみたいと思っていた。この路線が開設されたのは1830年のことである。マンチェスター・リヴァプール間の路線は現在2つある。一つは両都市を真っすぐつなぐ路線。こちらが先に敷設された路線である。もう一つは少し遠回りで南の町を経由する路線である。もちろん、筆者は真っすぐの路線に乗った。さすがに往時のように蒸気機関車ではなく、2両編成の気動車であったが、「これが産業革命の申し子の鉄道か」と思うと、大人げもなくワクワクした。

列車に乗って一番強く感じたことは、とにかく始めから終わりまで、真っすぐ真っ平らなことである。もともとイギリスは平坦な土地ばかりだが、この路線が真っ平らなのには他に理由がある。当時の蒸気機関車は馬力が小さく、登坂能力がほとんどないため、平地を走らせる以外になかったのである。そこで両都市を真っすぐ最短距離で結ぶために、市外に出たら丘は切り通し、谷があれば石橋(鉄橋ではない)で渡らせるという大土木事業を敢行して、ムリヤリ路線を真っすぐ真っ平らにしたのである。

片道約60キロの路線に踏切は一切なく、ひたすら真っすぐ走るのがじつに気持ち良かった。日本の鉄道では味わえない爽快感である。そして、なんといっても圧巻だったのは、終点のリヴァプール近く、長さ数キロにわたって続く切通しである。それも半端なものではなく、高さ約20メートルの、まさに「岩の壁」が覆い被さってくるような大切通しである。

面白いのは、リヴァプール駅は町よりも10メートル近く高い位置に建てられていることである。この高さの違いを見て考えた。港から搬入される荷物の運搬にしても、人の出入りにしても、駅と町は同じ高さである方が便利なはずである。それなのに、なぜわざわざ駅の位置を高くしたのだろうか。

さきにも述べたとおり、当時の蒸気機関車は馬力が小さい。登坂能力は小さく、急な坂道は登れなかった。イギリスの土地がいくら平坦だといっても、マンチェスターとリヴァプールの間には丘もあれば谷もある。路線で結ぶに際しては、実用に供せるだけの最大勾配を決めなくてはならなかったはずである。

これは筆者の推測だが、当時の蒸気機関車は、１キロ進んでもせいぜい5メートルくらいしか登れなかったのではあるまいか。仮にそうだとすると、途中は開削して切通しにしたり、橋を架けて渡らせたり、どうしようもない高さの丘はトンネルを掘ったり、土木インフラで高低差を小さく抑えるより仕方なかったのだろう。また、リヴァプール市内の既存の交通インフラ（馬車道や運河）との干渉をなくす必要もあったかもしれない。そうして最適なルートを選定していくうち、最後のリヴァプールの駅は必然的に高架にせざるをえなかったのかもしれない。

以上は、現場を見て考えた筆者の推測である。２００年前、この路線を設計した人の頭の中を推察してみたわけである。筆者は現地のその場で、こういう推測の仕方をよくする。『数に強くなる』という本でも書いたが、数的なことは「倍半分」の違いなら許される。いい加減な当てずっぽうのように見えるかもしれないが、案外、大筋で当たっていることが多いのである。このように現場の現況をよく観察し、時間軸をさかのぼって推察すると、それまで見えなかったアイデアや知見が見えてくるのである。

止まらない機関車

マンチェスター・リヴァプール間鉄道は、世界で初めての鉄道事故でも知られる。1830年、晴れの開通式で、その事故は起こった。当日、蒸気機関車という新しい技術を体験するために、正装姿の紳士淑女が多数集まり、三々五々、客車に乗り込んでいた。小休止のため列車が停車すると、せまい客車に詰め込まれた客人たちの何人かが、乗務員の制止にもかかわらず、ばらばらと車両の外に出てしまった。そうして外に出ていた代議士の一人を、隣の車線を走ってきた最新鋭の機関車〈ロケット号〉が轢いてしまったのである。

この事故はまさに、「止める」という動作を十全に行えなかったことで起きた。当時の蒸気機関車は、車輪の制動操作によって止める仕組みが一般的であった。諸説あるが、ロケット号の場合、牽引される連結車両の側にブレーキが付いており、機関車の減速操作との組み合わせで列車全体を停める仕組みになっていたらしい。連結車両には、ブレーキという操作専門の乗務員がいたそうである。合図を送って機関士と連携して停めていたのだろう。

ところが、開通式当日、ロケット号は燃料を積んだ炭水車を引くのみで、ブレーキ付きの連結車両は引いておらず、機関車自体の減速操作で止めるしかなかった。スピードが出ているなかでの急な減速操作は、かなり危険な操作であったと思われる。停まるどころか、機関車自体にトラブルが起こってもおかしくない。しかも、機関士は所定の停車位置に狙いどおり停める訓練はしていたが、とっさに急停車する操作は訓練していなかったという。そのような要因が重なって、事故が起こってしまったのである。轢かれた代議士は亡くなり、ロケット号を開発した技術者は、この事故を深く反省した。その後、機関車自体を止めるための蒸気ブレーキを発明している。

「動かす」と「止める」

このように、新しい機械を作るとき、技術者はまず「動かす」ことに知恵をしぼる。「止める」は二の次になりがちである。そこに落とし穴がある。とくに、通常の手段で「止める」ができなくなった場合にどうするか。そこまで考え尽くしたうえで「動かす」を考えている技術者がどれだけいるか。重大事故は、技術者の考え落としという急所を突いて起こるのである。

失敗や事故について考察していて気がつくのは、「動かす」という動作もさることながら、「止める」という動作を十全に行えなかった場合に起こっている、ということである。

実際、ブレーキにまつわる事故が絶えない。この10年あまりの間にもさまざまな事故が起こっている。2006年には、東京都港区の共同住宅でエレベータが開扉したまま上昇し、男子高校生が挟まれて死亡する事故が起こった。2008年には名古屋で上りエスカレータが逆走し、乗客が転倒して負傷する事故が起こった。さらに同年には、東京ビッグサイトで過剰な乗客が乗ったことによりエスカレータが逆走し、乗客が転倒して負傷する事故が起こった。

機械にとって「動かす」という動作は基本中の基本である。手動であれ自動であれ、機械は動かなければ役に立たない。したがって、技術者が機械を設計するときには、まず「動かす」という動作を第一に一生懸命考える。しかし、「止める」という動作は二の次になりがちである。マンチェスターの鉄道事故はまさに、「動かす」を考えて「止める」を十分に考えなかったことで起きた事故の典型だったのである。

制御安全と本質安全

機械を扱う人の多くは、「機械は安全にできているハズ」「自分が使っているときは大丈夫なハズ」と無意識に思って使っている。事故とは、こうした使用者の無意識と現物の機械の状態との間にズレが生じたときに起こるものである。読者のみなさんも毎日の生活のなかで、いろいろな機械を使っているだろう。ひとつ覚えておくとよいのは、現代の技術の多くは、そうしたズレを「制御安全」によって解決しようとしている、ということである。

いま世の中にある機械類は、センサなどの検出機器を取り付けることでトラブルに対応するものが増えている。そのような機械はスマートで安全そうに見える。しかし、「本質安全」が放置されたままであるため、何らかの外乱や想定外の力が加わると、たちまち大事故を起こす可能性を秘めているのである。一方、「本質安全」に配慮して設計された機械は、何らかの不具合が発生したり、外乱が加わったりした場合でも、最後の最後で安全が保たれるようになっている。本質安全に配慮した機械とは、端的に言えば、電気的な制御に頼らず、メカニカルな仕組みによって最終的な安全を担保している機械である。

ところが、技術者はしばしば、本質安全を制御安全と取り違える。事故はそこで起こるのである。たとえば、機械の設計者は、制御系がエラーを起こすとは考えていない場合がある。電子制御のプログラムのエラーはトラブルとして発現しない限り見過ごされる。これがシステムエラーの特徴である。制御安全はたしかに合理的であり、利便性が高い。しかし、制御安全がただちに本質安全を保障するわけではない。制御安全それ自体がいけないわけではなく、本質安全を確実に追求実行したうえで、制御安全を施す必要があるのである。

ドアプロジェクト

本質安全において最も重視すべきことは、「人を傷つけない」「人を死なせない」ということである。技術とはそもそも人間の生命や生活に資するためのものであって、それを危険にさらしたり、危害を加えるものであったりしては本末転倒である。

技術者は目の前の技術的問題の解決に追われて、視野がどんどん狭くなっていく傾向がある。細部へのこだわりや作り込みが技術者の仕事だ、と思い込んでいる技術者も少なくない。とくに自分の専門分野での経験や知識だけに着目していると、他分野では当然視されている知識や知見を見過ごし、重大事故を引き起こしてしまう場合がある。

たとえば、2004年に起きた六本木ヒルズの回転ドア事故がその一例である(図5-3)。この事故では、「回転ドアは軽くしなければ危ない」というヨーロッパでは当たり前の知識が、技術を日本に導入する過程ですっかり忘れ去られていた。その結果、元の原型の3倍にもなる

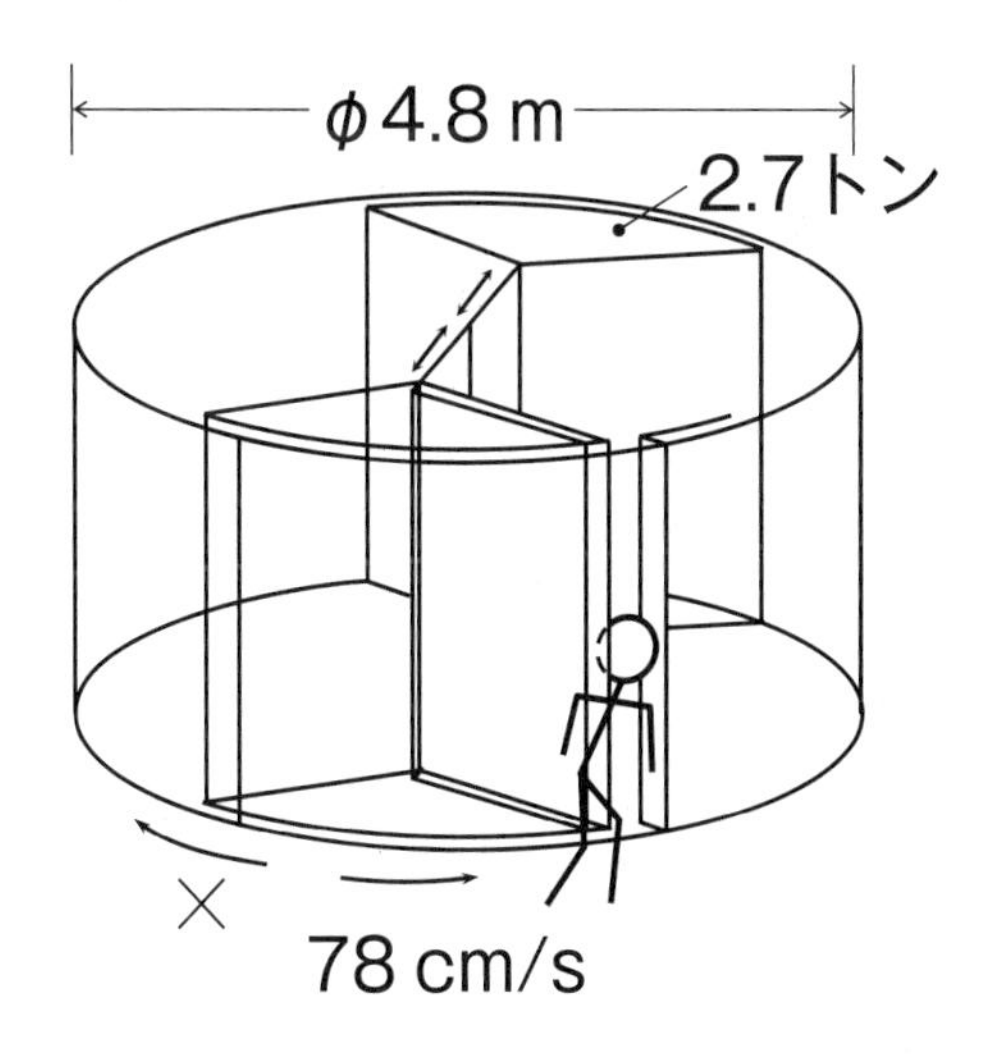

図 5-3　2004 年に起きた六本木ヒルズの回転ドア事故

非常に重い回転ドアが作られ、男児が頭をはさまれて死亡するという重大事故を引き起こしたのである。この回転ドアを設計した技術者たちが、「回転ドアは軽くしなければ危ない」という知識や知見に着目していれば、少なくともあのように重くて危険な回転ドアは作らなかっただろう。

筆者は2004年に「ドアプロジェクト」という事故原因を調査・究明するプロジェクトを勝手連で立ち上げた。実物を使った実験などを通して、事故を起こした回転ドアは非常に大きな挟み力を生み出すドアであることが明らかになったが、そもそもなぜ、このように大きな挟み力の出る危険なドアが作られたのかが、筆者には疑問であった。そこで、プロジェクトのメンバーとともに、大型自動回転ドアの技術の系譜と来歴を調査することにしたのである。

回転ドアの系譜

ビルの入口に設置する回転ドアはヨーロッパで発明されたものである。3枚または4枚のドア羽根が中心軸に装着され、それを手で押して回転させて使うのが元々の原型である。やがて電気の普及にともない、モータによる中心駆動で自動回転させるものに変わっていき、それが回転ドアの標準型となった。ここで注意すべきことは、ヨーロッパの回転ドアは、フレームも骨材もすべてアルミで軽く出来ていることである。運用を重ねていくなかで、「回転ドアは軽くてゆっくり動かさなければ危ない」という技術的な知見を獲得していったためと思われる。ところが、日本はそのヨーロッパから技術を導入したにもかかわらず、結果として、ゴツくて重い回転ドアをこしらえてしまったのである。どうしてであろうか。

事故を起こした六本木ヒルズの自動回転ドアは、約10年にわたってさまざまな改変を経て出来上がったものであった。元々の原型はオランダ製の自動回転ドアで、駆動部のフレームも回転部の骨材もすべてアルミ製で、総重量は約1トンであった。ところが、この原型を日本に導入するに当たり、製造元の日本とオランダの合弁会社は、回転部の骨材の表装材としてステンレスを使うことにした。日本の大型ビルの内外装では、メンテナンスの容易性と美観的な要求から、ステンレスを使うのが常識であったためである。

わずかな改変のように見えるが、この改変が事故の呼び水になる。骨材にステンレスを貼り付けたことで回転部の重量が増し、回転体を中心駆動だけで動かすことが困難になった。また、ビルの入口付近で発生する強い風に耐えられず、回転部の部材が破損した。さらには、建具が揺れたり、軋み音が出たりするなど、さまざまな不調や不具合も発生するようになった。

技術者としては当然、これらに対処しなくてはいけない。ただし、ここでまず注意すべきことがある。技術者たちが何を「問題」として認識していたかである。技術者たちが「問題」として認識していたのは、中心駆動の困難さと風圧への強度不足であって、ステンレス化粧によってドアの重量が増したことではなかったのである。

何を「問題」と認識するかによって解決方法も違ってくる。合弁会社の技術者は、中心駆動の「問題」に対しては、回転体の外周にモータとブレーキを取り付けて外周駆動にすることで解決を図った。風圧への強度不足に対しては、ステンレス化粧によって補強済みと考えたのか、対処した形跡はない。重量が増したことで回転体の慣性力も大きくなったが、その危険に対しては、挟まれ防止センサを取り付けて対処することにした。つまり、制御安全を図ったわけである。

ところが、ここで別の大きな状況の変化が起こった。製造元の合弁会社が経営破綻したのである。回転ドアを担当していた技術者たちは離散し、設計に関する図面や書類はオランダの会社が本国へ持って帰ってしまった。これは、設計思想や技術的な知識・知見が、ここで断絶したことを意味する。

後を引き継いでドアの設置を請け負った日本の会社は、残された実機をもとに設計し直すより仕方なかった。そして製品化されたのが、回転部の骨材と駆動部のフレームをともにスチールに変更し、外周モータと外周ブレーキを増強した回転ドアである。スチール製の骨材とフレームにはステンレス化粧も施され、総重量2・7トン、元々の原型の約3倍にもなるゴツくて重いドアに変わったのである。

問題設定の問題点

このような変遷をたどることになった主な理由として、地域による要求の違いが挙げられる。そもそもヨーロッパで回転ドアが考案されたのは、冬場の冷たい外気を遮断し、建物の中の暖房効率を損なわないためである。しかし、比較的温暖な日本では、こうしたヨーロッパでの要求はさほど重要ではない。むしろビルの煙突効果、すなわち高層化に伴う強い風の圧力に対抗する要求が重視された。この要求を満たすため、ドア全体の強度が優先されたのである。

ドアの強度を上げることは、技術的な問題解決策としては、たしかに正解だったのかもしれない。実際、出来上がった回転ドアは、機能的な要求にも美観的な要求にも十分応える重厚なものであった。しかし、結果として、人を死なせるドアになってしまったことは事実である。

このことから筆者が考えるのは、問題設定の仕方に、そもそも問題があったのではないか、ということである。重さ3トンにもなるドア自体の危険性を問題とせずに、風圧や美観などを問題として対処したことに、そもそもの誤りがあったと思われるのである。

技術者に限らず、人間は問題解決については一生懸命よく考える。しかし、ひとたび問題が設定され、その解決について考え始めると、その問題が本当に解決すべき問題だったのかどうかは考えなくなるのである。これは、もし仮に、その問題設定に誤りがあった場合、その解決策も誤りになる恐れがある、ということである。問題をいかに解決するかも重要なことだが、それ以上に、問題をいかに設定するかも重要なことなのである。

六本木ヒルズの事故に関してはその後、回転ドアの製作会社である三和タジマが、対策品を試作した(図5-4)。この試作品では、ドアの回転羽根の先端部分が折れ曲がるようになっている。この折れ曲がり子羽根の部分はスナップ機構になっており、過度の力が掛かると折れ曲がる。衝突の衝撃力を減らし、なおかつ挟み込みを防ぐ回転ドアの試みの一例である。この考

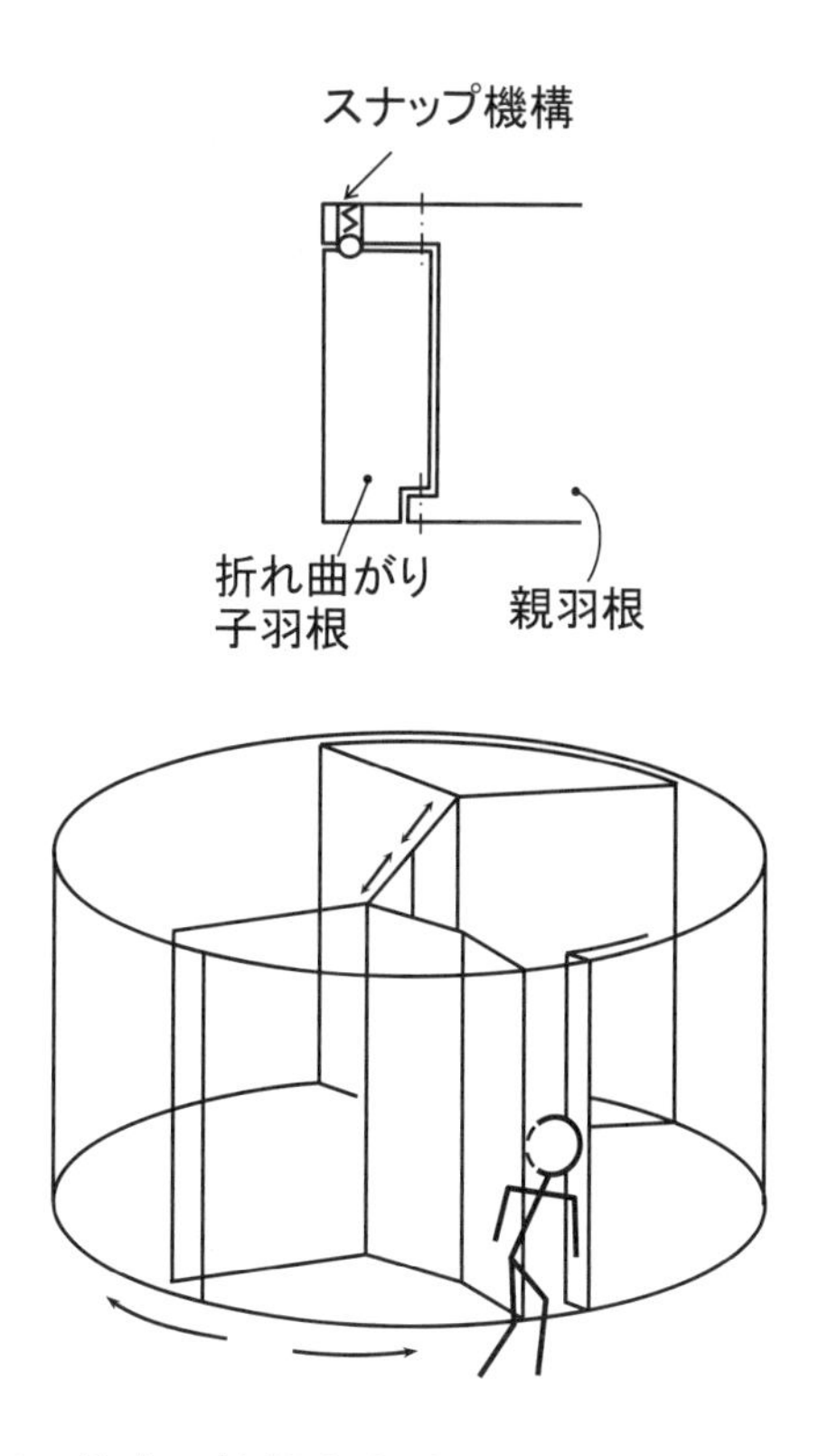

図 5-4　衝突の衝撃力を減らし挟み込みを防ぐ回転ドアの試みの例

え方は、技術的な解答として正しい方向であると筆者は思う。

ところが、この試作品を売りに出そうとしたところ、どこにも買い手が見つからずにお蔵入りになってしまった。「回転ドアは危ない」と言って日本全国のビルというビルから回転ドアが撤去、あるいは使用不可になってしまったためである。日本では世間から「危ない」と認識されたら最後、たちまち目の敵にされ、全存在を否定されてしまうのである。かつて全国の児童公園にあった、箱型ブランコもその一例である。「危険にはフタをする」というその考え方が、別のさらに大きな危険を呼び込むことを、日本人はそろそろ学ばなくてはいけない。

技術の街道をゆく

第6章

道なき道をゆく

GDPとオートバイ

今ではとても信じられないことだが、1980年代初め、改革開放前の北京では道路に自転車が雲霞(うんか)のごとく溢れかえっていた。3車線ある道路の横いっぱいにズラッと自転車が並んで信号待ちしている様子を見たときには、あまりの壮観さに感動したものである。ところが、30年後に再び北京に来てみたら、自転車どころかオートバイすらチラホラとしか見えない。30年前に見た自転車の大群がそっくりそのまま自動車に切り替わっていて、中国の爆発的な成長ぶりをまざまざと感じさせられた。

新興国を訪ねたときに筆者がまず注目するのは、その国の人たちが使っている移動手段である。道路事情はその国の社会を映し出すというのが筆者の持論だからである。外国へ行くときには、頭の中にあらかじめ仮説を作って行くと面白い。これは講演会などでよく話すことなのだが、筆者は昔からこんな仮説をもって現地を観察するようにしている。1人当たりのGDPが3000ドルを超えると人々の移動手段は自転車からオートバイに変わり、1万ドルを超えるとオートバイから自動車に変わる。そういう仮説である。この仮説を通して観察すると、その国の社会が今どのくらいの発展段階にあるか、おおよその見当がつくのである。

筆者の仮説は中国では見事に当たり、自動車だらけになっているが、3000ドルの壁がほぼ的中していると思われるのがベトナムである。ベトナムの1人当たりGDPは年間約2000ドルである。図6-1を見てもらうとわかるように、個人の移動手段のほとんどがオートバイである。1台のオートバイに何人もぶら下がるようにして走っている。運転席に父親が乗り、前に子ども1人、背中にもう1人、さらに荷台には母親が乗るという具合である。まるで曲芸だが、ベトナムではこれはごく当たり前の乗り方らしく、まわりを見ると誰もが平気な顔をして走っている。

ベトナムの道路事情はこのように一風変わったものだが、町のなかを歩いていると不思議に落ち着く。ベトナム人の穏やかな気質は日本人とよく馴染むと言われるそうだが、それはたしかに当たっている気がする。そのあたりが中国やインドといった大国と違うところかもしれない。中国もインドも刺激が強くて面白い代わりに、気が休まらない。生身の人間がむき出しのまま始終ぶつかり合っているような雰囲気を感じるのである。オートバイで直に身体をさらし

図 6-1　一家 4 人で相乗りしたオートバイ．ハノイ市内にて．2014 年撮影

て走っているベトナムの方がよほどノンビリしているのは、何とも不思議なものである。

ただし、ベトナムの街中には信号がほとんどない。そういう道路を沢山のオートバイが一斉に動き回っているため、交通事故が極めて多いということであった。ベトナムでの交通事故による死者数は年間約9000人であるという。数としてはかつての日本並みだが、人口との割合で見ると日本の3倍から4倍の多さである。信号もないうえに、曲芸のような危険な乗り方で走る限り、このような数にならざるを得ないだろう。事故は怖いが、インフラ整備が進むまで待っていられないというのが、庶民の正直な言い分なのかもしれない。

ベトナムでは自動車の数がまだまだ少ない。筆者が行った2014年の時点では、自動車の関税率はほぼ100パーセントだった。当然ながら販売価格は高く、高級官僚や企業の経営者でなければ買えないという。たとえば、ホンダのアコードの販売価格は750万円。なんと日本の約2倍である。しかし、ベトナムでは2018年に自動車の関税率はゼロになるそうで、そうなると約半値にまで下がると予想される。ベトナムの経済成長率は約6パーセントだから、大都市での1人当たりのGDPは1万ドルに近づき、おそらくあと3年もすれば、ベトナムの道路からオートバイはすっかり消えて、自動車で埋め尽くされるだろう。曲芸のような乗り方も、間もなく見られなくなるに違いない。そして、自動車だけ増えて、道路や信号の整備が追いつかないという事態になるはずである。

イミテーションを抱き込む

ホンダが製造している年産1千万台のオートバイのうち、日本国内で使われているのは全体の1パーセント程度ではないかと思われる。そして、その1パーセントは九州の熊本工場にほぼ集約されており、この工場で作られたオートバイは、日本国内や先進諸国向けの高級車として市場に出されている。

オートバイが世界各地でどんな値段で売られているかを見ると、1台平均6万円のものはアジアで、15万～30万円のものは日本やブラジルなどで、60万円以上のものはヨーロッパやアメリカなどで売られている。販売台数としては、価格が安いアジア向けのものが圧倒的に多く、約8割がアジアで使われているということである。車種を見るとスーパーカブが多く、日常の乗り物として本当によくできた、世界的なオートバイであることを実感する。

スーパーカブといえばホンダのベストセラーのオートバイだが、ベトナムにあるホンダで面白い話を聞いたので紹介しよう。日本製のオートバイと中国製のオートバイとのシェア争いの話である。

ホンダは当初、日本国内の工場で作ったオートバイ（約15万円）をベトナムに輸出していたが、ベトナムの人にはなかなか手が届かず、思うように売れなかったという。そこへ2000年頃から突如、中国製のオートバイが大量にベトナムに入り込んでくるようになった。正規の入り方だけではなく、密輸かどうかはわからないが、さまざまなルートで一気に中国製のオートバイが入ってきたそうである。そして、なんと、そのほとんどがホンダ製のイミテーションであった。ところが、そのイミテーションがたちまちベトナム市場を席巻し、ホンダのシェアは激減してしまったのである。

そこでホンダの打った対策がきわめて独創的であった。中国製のオートバイはすぐに壊れて修理が必要になる。そこが狙いどころであった。中国製のオートバイは、部品の寸法や形状まで、すべてホンダ製に似せているので、壊れた部品をホンダの純正部品に取り換えることも可能だった。実際、壊れて修理に出していたユーザーの多くが、ホンダの純正部品を選んで使い始めていた。中国製のイミテーションを買ってきて、壊れたらその部品だけホンダの純正部品

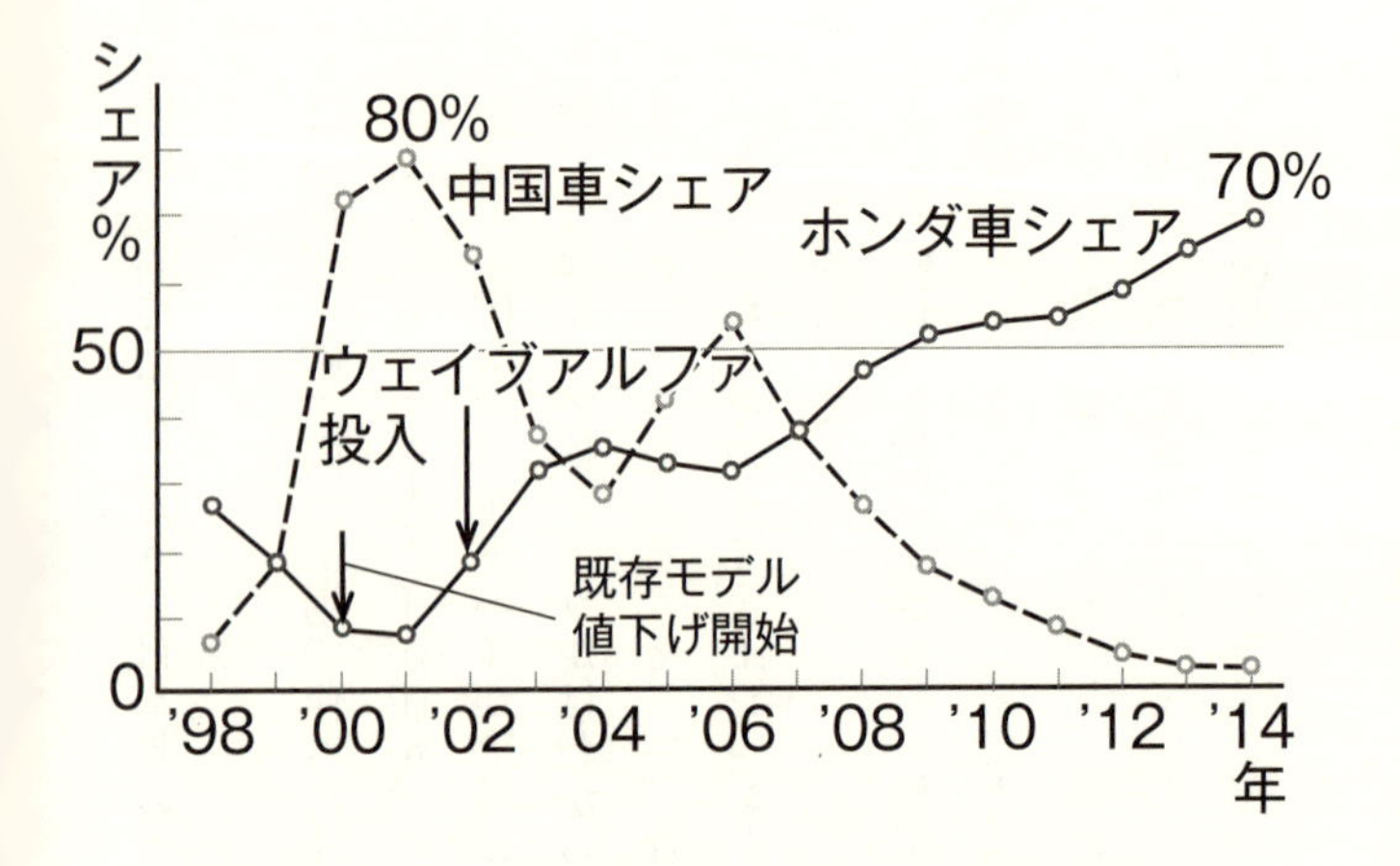

図6-2　ベトナム市場におけるホンダ製オートバイと中国製オートバイのシェアの推移．中国車の激減の背景にはベトナムと中国との政治的な関係もからんでいる．資料提供：ホンダベトナム

に取り換える。そうすると最後には、ボディフレーム以外はすべて、ホンダ製のオートバイに生まれ変わるのである。ホンダはこのことに気がついて、部品の販売にまず集中して市場の奪還に取りかかった。

さらに〈ウェイブアルファ〉と名付けた、ベトナム市場向けの新型オートバイを作った。フレームと搭載部品の合計が7万円、それに10パーセントのコミッションを付けて7万7000円で売り出したところ、大当たりしたそうである。ただし、ここで重要なのは、イミテーションと敵対するのではなく、技術レベルが上がっているイミテーションメーカーを自社に取り込んだことである。つまり、「イミテーションの抱き込み」を行ったわけである。こうしてホンダは、中国車を放逐し、ベトナムの市場を奪還しただけでなく、ベトナムの人たちが求めている、安くてきちんと動く、信頼性のあるオートバイを提供できるようになった。

この事例から学べることはとても多い。ホンダはここで、市場の要求を実現する「価値の追求」を実行したのである。現地の人たちが何に「価値」を見出すかを正確に見極め、その「価値」を実現する生産方式を新たに編み出したともいえるだろう。

「悪貨は良貨を駆逐する」と諦めるのは簡単である。しかし、人々の行動や要求をよく見て考えれば、「良貨は悪貨を駆逐する」という逆転も可能になる。そのときに鍵となるのが、人々が何に価値を見出すかに着目すること、言い換えれば「価値の世界」に目を向けることである。ここから先は、その「価値の世界」について考えてみることにしたい。

Ｈｏｗ思考から抜け出せ

日本の技術者はこれまで、「良い物」を作ることにずっと専念してきた。「良い物を作れば売れるハズ」という考え方、あるいは信念のようなものがあったからである。事実、高度成長期からしばらくの間はそれで本当に売れたのだから、そういう考え方は何も間違ってはいない。しかし、注意しなくてはいけないのは、「良い物を作れば売れるハズ」という考え方は、いつの間にか「良い物さえ作っていればいい」という考え方にすり替わっていくことである。

ここで大事なことは、日本の技術者の最大の欠点は、技術者の作る製品が顧客の求めている製品になっているかどうかを、技術者自身が考えたり確かめたりしようとしないことである。言いかえれば、開発目標を自分で設定する努力をしないことである。

技術者はとかく「物の世界」に閉じこもりがちである。なぜか。「物の世界」は楽しいからである。目の前の技術的課題をどうやって解決するか。あれこれ知恵をしぼって解決し、「良い物」が出来上がったときの喜びは大きい。その喜びが、技術者を細部へ細部へと向かわせる。しかし、そうして細部の作り込みに専念し、「物の世界」に閉じこもっているうちに、人々が「欲しい」と思う製品からどんどん離れていってしまうのである。

たとえば、それは「過剰機能」というかたちになって現れる。ひと昔前の携帯電話を思い出してほしい。あれもこれもと余分な機能をくっ付けて、結局、だれも使わない機能だらけの製品が作られてゆく。これを「付加設計の弊害」という。良いお手本を追いかけて、機能を洗練させていくうちはまだよい。しかし、技術が追いついて、お手本と同じだけの機能を発揮する製品が作れるようになると、技術者は途端に行き先を見失ってしまう。そして、付加設計をやり始めるのである。「Ｈｏｗ（どうやって）」という思考から抜け出せないからである。別の言い方をすれば、誰かが敷いてくれた道を通ることしかできないからである。

「Ｈｏｗ」とは、誰かのお手本を見習って、それをどうやって作ろうかと考えるやり方である。ところが、ビジネスと結びついた技術の世界では、お手本と肩を並べたら後は、「Ｈｏｗ」のままでいてはいけない。お手本とはまったく違う、自分たち独自の「新しい価値」を生み出す製品を作らなくては、生き残れなくなるからである。

これは、大量生産を前提とする製品については特に言えることである。「価値」とは、時代や文化、環境、人々の要求によって、絶えず変わっていくものである。ずっと変わらない価値をもつ製品など存在しない。有田焼の酒井田柿右衛門のように、価値はつねに生み出し続けていくものなのである。


《蛇足》 開発目標を自ら考える能力のない技術者は、身の回りにころがっているさまざまな機能を手当たり次第にとり込んだ、いりもしない機能満載の製品を市場に出すことになる。結果は「チットモ売れない」になるのである。

価値を生み出すＷｈａｔ思考

技術の世界で生き残っていくためには、「Ｈｏｗ」から抜け出して、「Ｗｈａｔ(何を)」で考える必要がある。なぜなら、新しい価値を生み出すのは、「Ｗｈａｔ」のみだからである。

こう言うと、iPhone のような製品を思い浮かべる人がいるかもしれない。しかし、iPhone

のような画期的な製品のみが「新しい価値」を生み出すわけではないのである。たとえば、インドには鍵付き冷蔵庫という一風変わった製品がある。鍵付き冷蔵庫は、文字どおり、普通の冷蔵庫にただ鍵が付いているだけの製品である。技術的に画期的なところなど何一つない。ところが、この製品もまた、立派に「新しい価値」を生み出しているのである。

初めのうちは何とも不思議な冷蔵庫を作るものだと思ったが、実物を見てすぐに納得した。インドにはカースト制がある。鍵付きの扉は、1つの住居に異なるカーストの人がいる場合のことを考えての工夫なのである。鍵を付けていないと、冷蔵庫の中にある物は自由に持って帰ってもかまわない、というサインになってしまうそうである。物を冷やして保存・保管するという冷蔵庫の働き自体に変わりはないが、インドでは、それだけでは足りないということである。つまり、製品としての機能を満たしていても、それで「商品」としての価値が生まれるわけではない。別の見方をすれば、製品と商品とは必ずしも同じでない、ということである。日本の技術者はとくに、この見方ができていないと筆者は思う。

インドにはタタ自動車など、ユニークな製品がいろいろとある。それでてっきり、この冷蔵庫もインド製かと思っていたら、なんと、韓国製だというのだから驚いた。こういう商品は、自分の国の中にいたままでは決して考えつかない。現地の社会に入り込んで生活し、現地の文化、現地の人の生き方や考え方を理解して、初めて生まれてくる商品である。

実際、韓国のサムスンには「地域専門家」という技術者がいて、商品を売り込む現地に移り住み、人々が日々の生活の中で何に困っているか、何を不満に思っているか、何を欲しいと思いそうなのかをジッと観察しているそうである。これはマーケティングリサーチではない。異文化理解そのものである。そういう理解の仕方をして初めて生み出せるものがあるのである。鍵付き冷蔵庫は、技術的に見れば新しいところは何もない。しかし、インドの人たちにとっては「新しい価値」をきちんと生み出しているのである。

ところが、技術的に新奇性のない製品を作る外国メーカーを一段低く見る傾向が、残念ながら日本の技術者にはある。技術水準の高さでしか評価しない、そのようなものの見方は、傲慢以外の何物でもないと筆者は思う。「物の世界」に閉じこもって「良い物さえ作っていればいい」と考えているかぎり、こういう傲慢さはなくならないだろう。さらに言えば、「良い物さえ作っていればいい」という考え方をしているかぎり、「Ｗｈａｔ」で新しい価値を生み出すような技術者にはなれないのである。

《蛇足》「Ｈｏｗ」で考える技術者がダメなわけではないし、すべての技術者が「Ｗｈａｔ」で考える必要もない。筆者は以前に『数に強くなる』という本の中で「２８（ニッパチ）の法則」という話を書いたが、２割の人が考え方を変えるだけで全体が変わる。つまり、技術者のうち２割が「Ｗｈａｔ」で考えるようになれば、全体もおのずと変わるのである。

良い物とは何だろうか？

では、そもそも「良い物」とは何だろうか。たとえば、「値段」をとおして考えてみよう。まず初めにはっきり言っておきたいのは、「値段は顧客が決める」ということである。顧客は製品を見て、それが自分にとって「良い物」で、値段に見合っていると思えば買う。これは逆に言うと、顧客は「買う」という行動をとおして、その製品が自分にとって「良い物」であり、値段に見合ったものであることを決めているのである。つまり、その製品が「良い物」であると決めるのは顧客であって、その製品を作ったり売ったりする人間ではない。

ここで図６-３を見てほしい。これは、品質を価格との関係から見た図である。なお、ここ

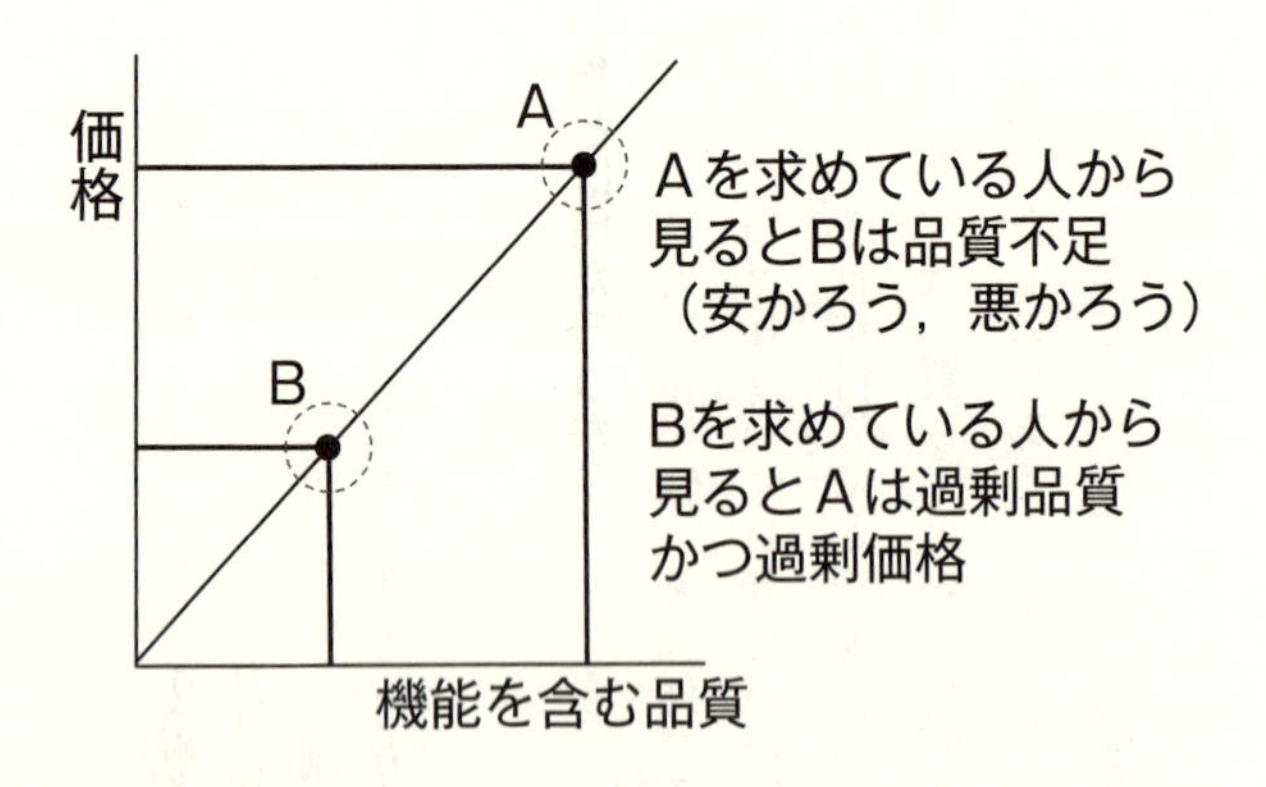

図 6-3　真の品質は価格に依存している．絶対的な品質などというものはない

で言う「品質」とは「機能」も含んでいるとする。この図で筆者が言いたいのは、真の品質は価格に依存している、ということである。

「良い物」を追求したがる技術者は、製品には「絶対的な品質」というものがあると思っている。それは大きな誤解である。品質とはあくまで相対的なもので、その製品を作る時間やコストに依存している。しかも、ここが大事なのだが、品質が適正かどうかは、その製品を実際に市場に出して売れるか売れないかで判断するしかない。

これは別の言い方をすれば、製品の品質が適正かどうかを決めるのは顧客だ、ということである。技術者は製品の品質を決めるのは自分たちだと思っているが、そうではない。製品の値段を決めるのが顧客であるのと同じく、製品の品質を決めるのもまた顧客なのである。

それにもかかわらず、顧客のことを考えに入れずに「絶対的な品質」を追求し、「良い物」を作りたがる技術者が日本には多い。そして、そういう技術者が「良い物」と考えるものは、ほとんどの場合、顧客にとっては過剰価格、さもなければ過剰機能・過剰品質なのである。こういう「良い物」をめぐる技術者と顧客のズレが、「物が売れない」という状況を引き起こしている。これは言い換えれば、技術者は「物の世界」を見るばかりで、顧客にとって大事な

「価値の世界」を見ていないということである。

《蛇足》顧客にとって値段が高いなら、値段を下げれば買うようになるのかというと、必ずしもそうではない。技術者が考える「良い物」は「タダでもいらない物」であることも十分にありうるからである。

要するに、自分たちが作りたいと思う「良い物」を作るばかりではいけない、ということである。個人経営の会社ならばいざ知らず、ある程度の規模をもつ会社組織で、みながみな「良い物」を追求していたら、その会社自体が存続できなくなってしまう。せっかく「良い物」を作ろうとしていても、それでは元も子もないどころか、意味がないのである。

では、どうするか。「物の世界」から抜け出て、「価値の世界」に目を向けることである。筆者はそれをインドの自動車部品メーカーを訪ねたときに厳しく指摘された。「日本には真摯に真剣に技術に取り組んでいる人が沢山いるのを自分は知っているが、インドの人たちが「欲しい」と思う物を作ろうとはしていない。インドの社会を見ずに作っている物など、われわれはいらないのだ」とそのメーカーの社長さんは言っていた。

インドの人たちはこれまで、外国の製品を一方的に買わされるばかりで、自分たちがちっとも豊かにならないのをさんざん経験してきた。これは筆者が訪ねてきた他のアジアの国々にも言えることである。日本人はこれまで、自分たちの製品は「良い物」だと思い、「良い物ならみんな喜んで買うだろう」と考え、実際、そういう物をアジアの国々の人に買わせてきた。ところが、アジアの国々も豊かになっていくなかで、その「良い物」の本質が問われるようになってきたのである。日本の技術者はその変化が見えていない。さもなければ、見えているのに見えていないふりをしているように筆者からは見える。

「欲しい」ということは、その物に価値を見出すということである。人々はどういう物に価値を見出すのか。インドでは「そこを見なさい」と言われている気がした。それは、物を買ってもらう現地の人たちの生き方や考え方、さらには文化に敬意を払いなさい、ということでもあるのだと筆者は思う。

顧客が「欲しい」と思う物、技術者が「作りたい」と思う物、どちらかの物に偏っていたら「良い物」はできない。つまり、「良い物」とは、顧客が「欲しい物」と技術者が「作りたい物」との間の、どこかにある物なのである。日本の技術者は、その「どこか」を見つける努力をしなくてはいけない。

各地の技術の現場を訪ね歩き、議論するなかで感じるのは、日本の技術者は本当に真面目で、自分の持ち場できっちりと地道に努力している人が多いということである。しかし、そうして努力を重ねるなかで、自分でも気づかないうちに、自分たちが考える「良い物」に囚われてしまっているのではないか。

技術水準が高いにもかかわらず、なぜ日本のメーカーは没落していくのか。そう疑問に思っている人は多いはずである。技術以前のビジネスで負けているということも事実だが、そのビジネス以前の「ものの考え方」で負けているのだと筆者は思う。厳しい言い方だが、「良い物」とはただの逃げ口上、さもなければ、単なる負け惜しみなのである。

《蛇足》 製造業については以上のように言えるが、いま本当に求められているのは、物を作るひとつ手前の、「価値をお金に変えるビジネス」を作ることであるのは確かである。いまの世の中は、このビジネスにいち早く気づいて作った人間が全部取りをする、恐ろしい世の中である。もはや「良い物」が「良い物」というだけで価値が生まれる時代ではないのである。

リマンの効用

2013年にインドネシアへ行ったとき、現地にいる建設機械会社のコマツの人から、「先生、リマンって言葉を知っていますか?」と聞かれた。「知らない」と答えると、リマンとはリマニュファクチャリング(Re-Manufacturing)の略だと教えてくれた。一度使った機械を回収し、完全に分解して補修・再組立てを行って、新品とまったく同じ性能を保証して売る商売だそうである。

コマツでは、ブルドーザやパワーショベルなどの中古市場に出てきた建設機械や、使われなくなって捨てられたり、自社で引き取ったりした建設機械を完全に分解して組み立て直し販売していた。回収して点検すると、ほとんどの部品は摩耗もしていないし、疲労もしていない。どこかダメになった部分と一体に廃棄されているケースが多いという。減ってダメになっている部分は表面の肉盛りをしたり、摩耗してダメになった部分は加工し直す。中古自動車でいう「ニコイチ」とは違って、こちらは「再生加工」とでも言うべきものである。

面白いことに、そうしてリマンで出した製品の内部には、オリジナルでなくては絶対に真似できない部品を仕込んでおくそうである。新興国ではいま、イミテーションが出回っている。部品の形は、製品の見取りをすれば同じものが簡単に作れる。世に出回るイミテーションは、形自体を見れば、正規の部品とほとんど同じである。したがって、みな安いイミテーションを買っていく。

「それじゃ、商売上がったりだよね?」

と聞くと、意外にも「いいえ、大丈夫です」という答えが返ってきた。

「どうせ、すぐ摩耗して駄目になりますから。結局はオリジナルを買いたくなるんです。宣伝なんか全然いりません」

と言って、案内をしてくれた経営者は自信満々であった。

これは、ベトナムで見たバイク〈ウェイブアルファ〉と一脈通じる商売の仕方である。イミテーションが正規品の先導をして、新しい市場を作ってくれているという見方もできる。「イミテーションはケシカラン」と言っているだけでは、こういう発想は生まれてこないだろう。

リマンの最大の特徴は、新品と同じ性能を保証するということである。そうすれば、顧客としては、新品であろうとリマンであろうと、機能が同じならどちらでも構わないということになる。リマンの方は新品より少しだけ値段が安く設定されているので、顧客としては同じ性能なら安い方が良いからリマンを選ぶそうである。

インドネシア政府もこのリマンの価値を認めていて、コマツの工場だけは保税区域に指定して関税をかけていない。地理的条件からインドネシアが東南アジアの海上輸送のハブになっていることを考えると、これはインドネシアで大きく発展する事業ではないかという印象を持った。実際、コマツではこの事業に力を入れており、ライバルのキャタピラ社はすでに導入しているそうである。

日本では新品信奉のようなものがあって、型落ちや中古はあまり歓迎されないが、アジアの国々では機能さえ同じならば安い方がよいという考え方をする。そういう意味では非常に合理的な商売であると思う。所変われば品変わるではないが、これも「価値」というものが顧客の考え方によって変わりうる一例であると思う。インドネシアの人にとっては、このリマンこそ「良い物」なのである。

コマツの工場では、エンジンのシリンダブロックの割れ検査を見せてもらった。機械の設計ではふつう、どこまで力がかかると壊れるか、壊れるときには何がどのように起こるか、普通どのくらいの時間もつかなどは考えるが、非常に長期間使用したときに何が起こるかまでは考えていない。別の言い方をすれば、「時間軸」を入れて考えていない、ということである。リマンの際に、使われなくなった機械に何が起こっているかを調べてデータ収集することで、新品の設計におけるギリギリの限界が設定できるようになるらしい。このように、時間軸を長くとってデータを収集するという考え方は、これからとても重要になってくる気がする。

この工場では、エンジンの中に使われているコネクティングロッド（コンロッド）の整備を見せてもらったら、コンロッドに2次元バーコードを打刻していた。これにより、次に同じものが回収されてきたとき、その部品の物歴を把握できるようになる。さらには、偽物やイミテーションを排除することも可能になる。こうして中古品を含めた部品すべての製品管理が出来ることになる。コマツでは世界中で稼働中の自社製品をリアルタイムで追跡捕捉するシステムを導入しているが、そのシステムと組み合わせると、部品単位にまで追跡可能なシステムが出来るようになるだろうと思った。

これからの日本の技術者は、お手本のない世界で、利益の源泉を自分で探してくる必要がある。それには、Ｈｏｗだけで考えるのではなく、Ｗｈａｔでも考えなくてはいけない、ということである。つまり、「物を作る」より前に、「考えを作る」必要があるのである。

日本各地の技術者と議論していて感じるのは、「悩んでいる人が多いな」ということである。さきほどのインドの社長さんの話ではないが、たしかに日本の技術者は真摯に真剣に技術に取り組んでいる人が沢山いる。しかし、従来のやり方は通用しないし、何か試みてもいつもうまく行かない。そうして悩んでいる人が、感覚的には、この5年で随分増えた気がする。

悩むのは悪くない。しかし、頭を「悩む」に使うのではなく、「考える」に使ってほしいと筆者は思うのである。だから、ここからは「考える文化を作ろう」という話をしていきたい。これまでの話と違って少々リクツっぽくなるが、そこはご勘弁願いたい。

要求機能をあぶり出す

「考える」とひと口に言うが、何の指針もなく、ただあれこれ考えても考えは1つにまとまらない。そこで筆者が提唱しているのが「思考展開法」という方法である。思考展開法とは、具体的には「思考展開図」というものを使って、考えの全体構造を作る方法である。思考展開法については本書の巻末に付録として載せておくので、くわしく知りたい人はそちらを読んでみてほしい。ここでは簡単に、思考展開法で可能になることをまとめておく。

- 自分の考えの中味がどんな構成になっているかをはっきり自覚できるようになる。
- 自分の考えを客観的に見られるようになる。
- 自分の考えの中で、抜けていること、不足していること、他から補うべきことなどが明瞭に把握できるようになる。

思考展開図では、図の左端に、実現しようとしている「要求機能」を設定する。そして、その要求機能からスタートして、図の右側へと徐々に思考を展開させていく。このように、思考展開図を描いていきながら、頭の中に埋まっている考えを外に表出して、新しい考えを構築していくのが思考展開法である。

筆者はかれこれ20年近く、製造メーカーを中心に「畑村塾」という私塾を開いて、この思考展開法を伝授してきた。しかし、アジアの製造現場に出かけて見聞を広げていくなかで、従来の思考展開法にはまだ考え落としがあったことに気がついた。それは、思考展開法のそもそもの出発点である「要求機能」をどうやって導き出すか、という問題である。

従来の筆者の考え方では、要求機能がどこから出てくるのかが曖昧で、なんとなく自分で思いつくものを好き勝手に設定するようにしていた。これは言い換えると、筆者自身も「価値の世界」に目が向いていなかったということである。従来の思考展開法は、まだ「物の世界」に留まるものだったのである。

そこでいままでは、「価値の世界」からまず考えていこうと指導している。具体的には、従来の思考展開図にはなかった、「「価値の世界」の分解・分析」をまず行うのである。「価値の世界」で考えるには、世の中が求めているものを探さなくてはいけない。その際には、自分自身も含め、世の中の人がなんとなく感じていることを、次の3つの視点のいずれかから明確にしていくのがよい。

・不満に思っていること。
・いまはないが、あったらいいなと思うこと。
・お金を払っても手に入れたいと思うこと。

たとえば、筆者が2004年に出版した『直観でわかる数学』という本を例に考えてみよう。この本はまさに「不満に思っていること」から出発して、要求機能を導き出すことで作った本である。中学校までは数学が好きだったのに、高校に入った途端、数学が大嫌いになった。そういう人はいまでも多い。『直観でわかる数学』では、当時筆者が教えていた工学院大学の学生さんたちと一緒になって数学が嫌いになる理由を分析し、どういう説明の仕方をしたら数学がわかるようになるのかを徹底的に議論した。

図の使い方や説明の語り口も、どういう表現の仕方をしたら読者の頭の中に入っていきやすくなるかを考えて書いた。さらには、本の値段も「お札2枚でお釣りが来る」ことを大前提に、筆者の印税を削ってコストダウンを図り、読者が買いたくなる値段に設定した。これも「値段は顧客が決める」という原則に立ったうえでの判断である。こうした本の作り方が見事図に当たり、『直観でわかる数学』はベストセラーになった。

《蛇足》　出版社の側からすると、本の値段は印刷部数で決まる。たくさん印刷できれば値段は安くできるが、たくさん印刷できなければ値段は高くなる。出版社は売れると思えばたくさん印刷するし、売れないと思えば少なく印刷する。『直観でわかる数学』の場合は売れないと思ったのだろう、岩波書店からは最初、「印刷部数は３０００部です」と言われた。この印刷部数だと、値段は２８００円になるそうである。これではわざわざ売れなくするようなものである。コストダウンを図れる要素はないという話なので、著者印税をしばらく３％にするということで、ムリヤリ１９００円という値段にさせてもらったのである。もう時効だと思うから、岩波書店の了解のもと、ここに記しておく。

つまり、要求機能を明確にするためには、具体的なシーンを頭の中に思い浮かべるとよい。『直観でわかる数学』ではまず、学生さんたちに学校の教室のシーンを思い浮かべてもらい、数学を教わっていたときに自分は何を感じていたか、「数学って難しいなあ」「虚数って何だ?」「どうして数学なんて勉強しなくちゃいけないんだ」「数学って何の役に立つんだ」など、数学の何に納得いかなかったか、どこに不満を感じていたかを思い出して、考えてもらった。そうして、みんなが共通に感じていたことを浮かび上がらせていったのである。

潜在化しているものを掘り出す

ここで図6‐4を見てほしい。これを思考展開図で説明すると、世の中が求めている物や事

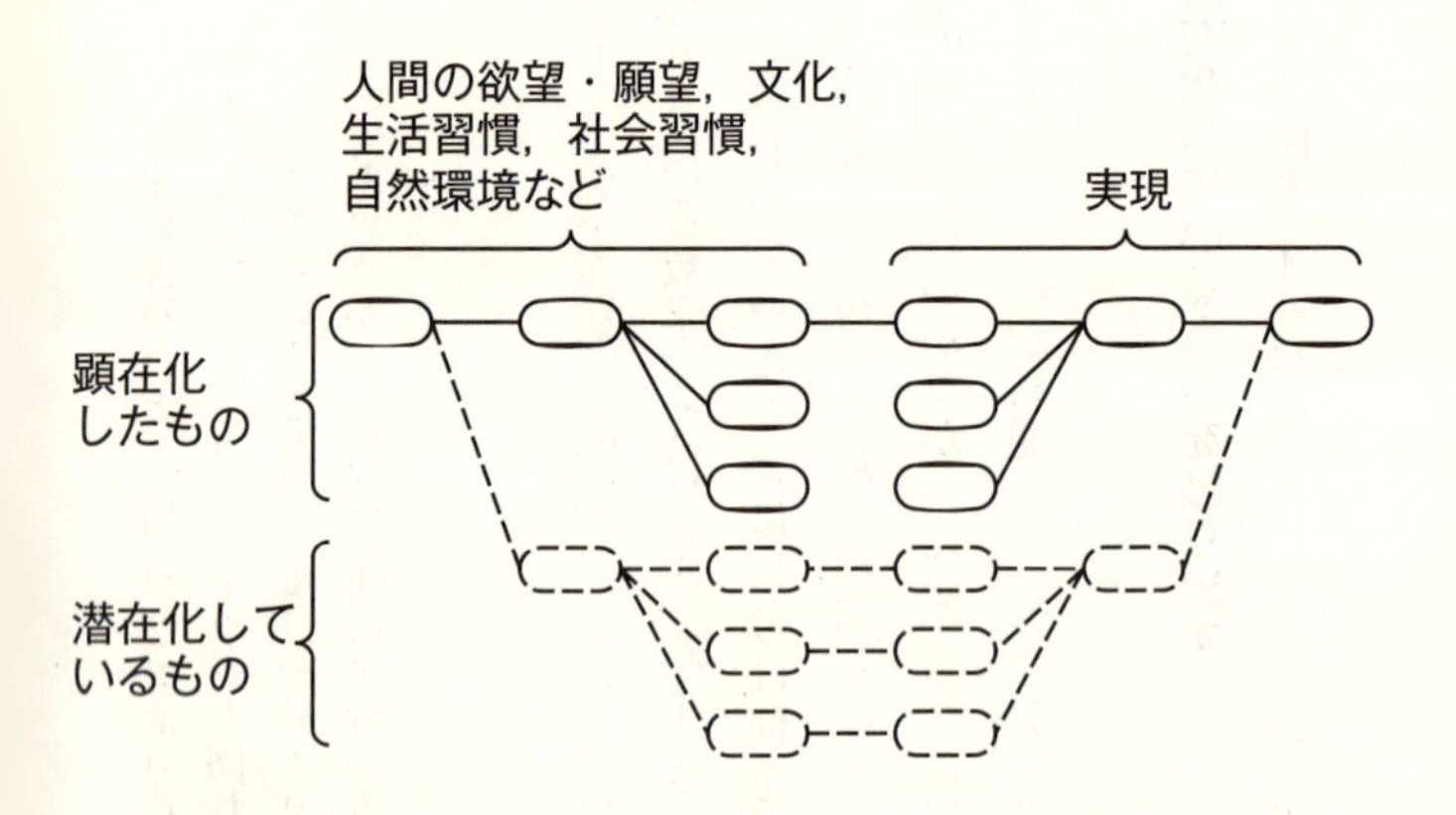

図 6-4　価値の世界の構成を示す思考展開図．「顕在化したもの」を考えるなかで「潜在化しているもの」に気がつく

を、「顕在化したもの」と「潜在化しているもの」の2つに分けて考える、ということである。顕在化したものには、たとえば、人間の欲望・願望、文化、生活習慣、社会習慣、自然環境といったものがある。こうした目に見えるものにまず注目して、細かく分解・分析していき、世の中が求めている要求機能をあぶり出していくのである。

このようにして、まず「顕在化したもの」を考えていくなかで、図6-4の点線で描いているようないまだ顕在化せず「潜在化しているもの」にも気づいていく。ここが重要なところである。その「潜在化しているもの」を掘り出すことが、利益の源泉となるからである。

ところが、その「潜在化しているもの」に気づくのが、日本の技術者は苦手なのである。なぜか。さきほどからも言うように、日本の技術者は「物の世界」しか見ていないからである。筆者はとくにそこを危惧している。利益の源泉は「物の世界」から「価値の世界」に移っているにもかかわらず、日本の技術者はそこを見ようとしていないからである。これは、技術者たちを束ねる経営者についても同様に言えることである。

日本のメーカーは、たしかに自他ともに認める高品質の製品を作って売っている。しかし、日本国内で構想・企画・開発・設計・生産をして現地に売り込むという、高度成長期以来の

「輸出」思考から抜け出せていないように筆者からは見える。高度成長期を実際に経験した技術者たちは現場にもういないのに、従来の「輸出」思考だけが脈々と続いているのは本当に不思議なことである。日本国内では「モノが売れない」と言われてすでに久しいが、このままではいずれ、「日本製品はどこに持って行っても売れない」というときが来るだろう。

利益の源泉

人々の生活は社会習慣や自然環境に強く影響を受けている。「潜在化しているもの」は、よそからでは決して見えてこない。実際に現地に行って、そこの社会の中に入り込み、人々の要求を汲み取って初めて見えてくるものである。これからの世の中では、利益は「価値の世界」に着目し、「潜在化しているもの」を具現化することで生まれてくる。この先どんなに経済状況が変わろうとも、日本という国が、外国の人にモノを買ってもらって生きていくことに変わりはない。いまや「良い物」は「良い物」というだけで価値は生まれない。これは言い換えれば、「良い物」は「良い物」というだけでは利益を生まない、ということである。

ここで、図6-5を見てほしい。これは、製品の構想・企画・開発・設計・生産、そして販

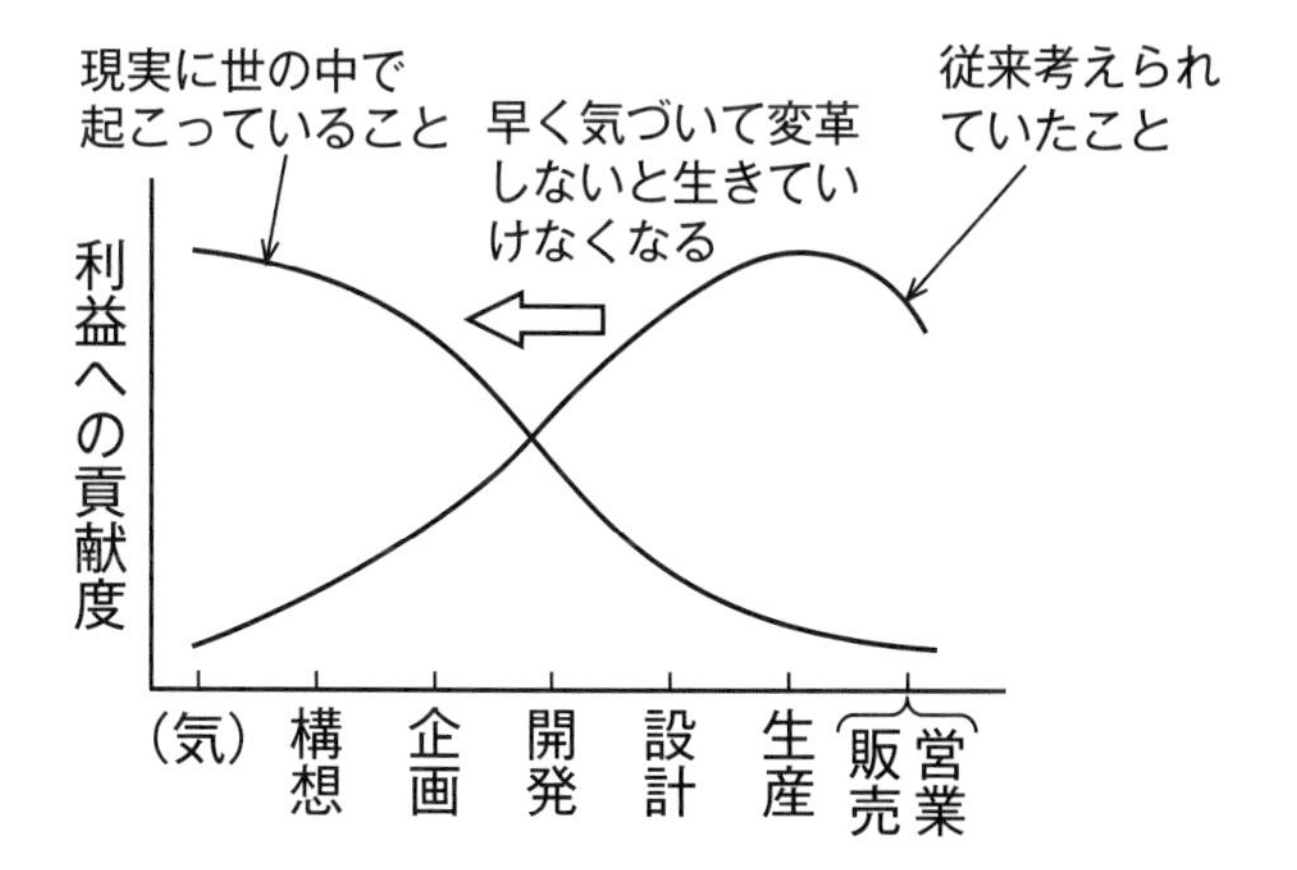

図 6-5　利益の源泉は構想と企画に移っている．フロント・ローディングで考えなくては生きていけなくなる

売までのプロセスを、「利益への貢献度」という視点から見たときの概念図である。従来の日本の製造業での考え方は「バック・ローディング」、つまり製品の生産から販売、さらにはその後のサービスに重きが置かれてきた。なぜなら、高度成長の時代からずっと、利益を生み出すのはこの部分だったからである。

作れば何でも売れた時代は、これでよかった。しかし、すでに時代は変わり、現実に世の中では「フロント・ローディング」、つまり製品の構想と企画に重点が移っているのである。いまや利益の源泉は、生産や販売ではなく、構想と企画にある。作り方や売り方をいくら頑張っても、いま以上の利益は生み出せない。そのことをまず認めなくてはならないのである。

ところが、日本の製造業の多くは、こうした時代の趨勢を認めずに、従来の「バック・ローディング」の考え方のままでいる。日本の製造業の苦しみは、まさにそこから発しているにもかかわらず、従来の考え方を捨てられずにいるのである。もし本当に現状を打開したいのであれば、「バック・ローディング」の考え方を早く捨てて、「フロント・ローディング」の考え方に移行すべきである。「物」を作るより前に「考え」を作れ、と筆者が言うのはそのためである。利益の源泉である構想と企画に着目し、1人の人間が構想・企画・開発・設計・生産・販売のプロセスを一気通貫で考えて、全体を統括する仕組みを作る必要があるのである。

たとえば、トヨタでは、1人のエンジニアが1つの車種の企画・実行・販売・利益の全体を統括して決める「チーフエンジニア制度」が導入されている。これは筆者の推測だが、そこで最も重視されているのは構想と企画であろう。トヨタといえば「かんばん方式」などの生産管理システムに目が行きがちだが、じつは注目すべきところはそこではない。トヨタが真に独創的で、なおかつ巨大な利益を着実に生み出し続けているのは、チーフエンジニア制度で運営されているからなのである。

リードタイムを短くする

では、生産システムはもう利益の源泉ではないのかというと、そうではない。トヨタの話が出たついでに言うと、トヨタの「かんばん方式」の謳い文句は「ジャスト・イン・タイム」であった。「必要なものを、必要なときに、必要なだけ」という意味である。ただし、これは自分たちの生産効率を上げるための仕組みであって、顧客が欲しいものを「ジャスト・イン・タイム」で提供する仕組みではない。問題はそこである。いま求められているのは、顧客が「欲しい」と思ったとき即座に対応できる生産システムである。「かんばん方式」のように、自分たちの生産効率を上げても、いまはもう大きな利益は生まれない。顧客の要求に即応できる生産システムこそが、利益を生むのである。

では、世の中が求めている物を即座に提供するには、どうすればよいか。「直列の並列化」である。これ以外にないのである。

現在、日本の製造業の現場で行われているのは、1の工程を始めたら、それが終わったのを確認して次の2の工程を始めていくという直列の生産方式である。この方式は着実かつ確実だが、もし10の工程を通るとしたら、10の時間がかかることになる。しかし、もし仮に、1つの工程を始めて、その10分の1が進んだところで、次の工程を始めるとしたら、どうなるか。ここで図6-6を見てほしい。このように2を始めて、3を始めてという具合に、次々に並列で始めていくと、最後の10が終わる頃には全部で2の時間で済む。直列では10の時間がかかったものが、5分の1に短縮されるのである。

従来の直列式に慣れ親しんだ人からすれば、無茶で乱暴な仕組みに見えるだろう。たしかにそれはそうである。1つの工程が未確定のまま次の工程に進む並列式では、トラブルや事故が

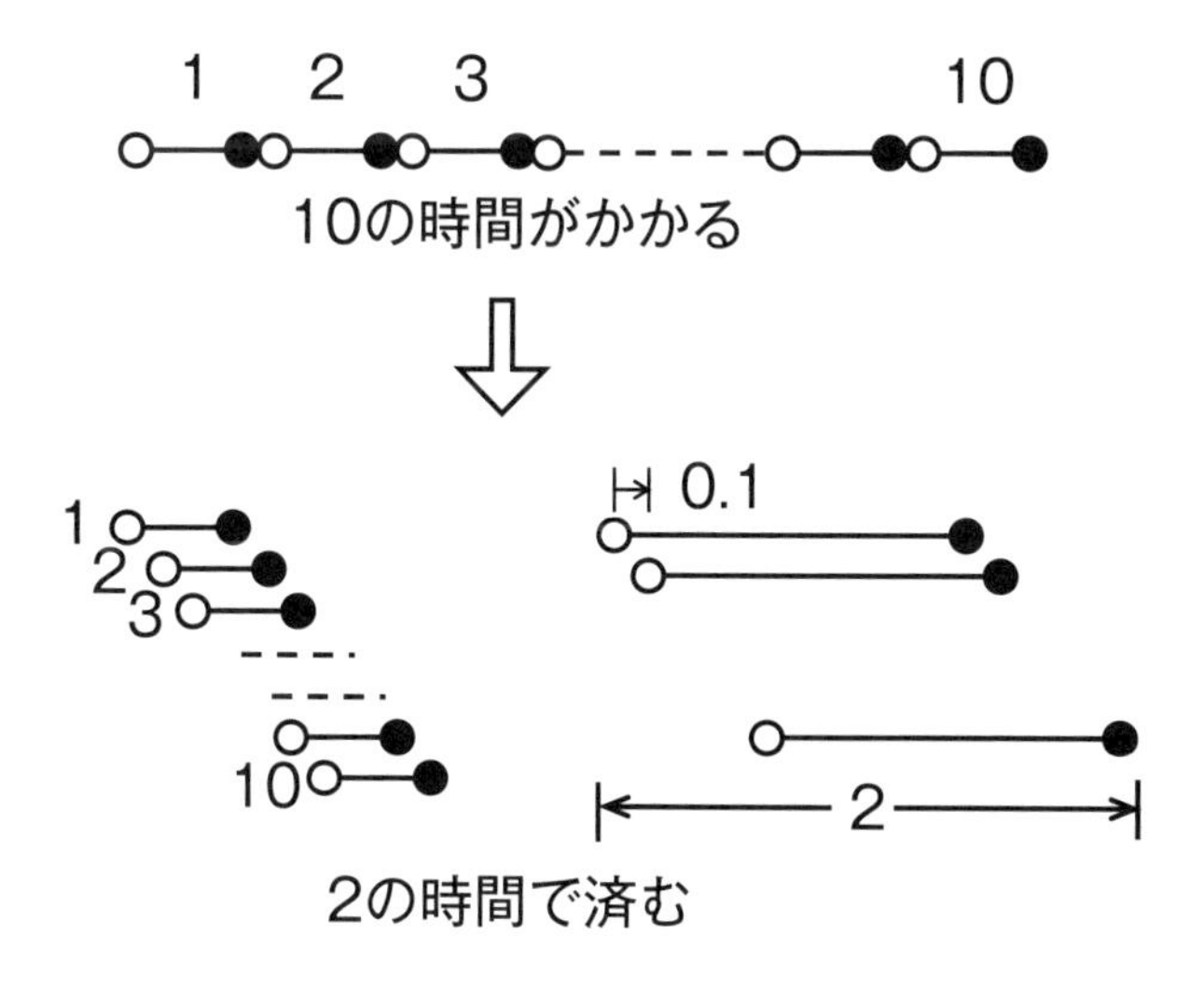

図 6-6　直列の並列化の概念図．10 の時間かかっていた工程が，2 の時間で済むようになる

起こる可能性も高くなる。しかし、そのメリットとデメリットをビジネス全体で比較考量すると、並列式からあがる利益の方が断然大きい。なぜか。変化に即応できるからである。社会の要求が目まぐるしく変わる現在、もし変化に即応できなければ、その分、機会損失は大きくなる。しっかり着実に作って「さあ、できた」と思ったときには、社会の要求はすっかり変わってしまっている。変化に即応できない直列式では、そういうことが十分に起こりうるのである。

たとえば、実際の生産ラインで考えてみよう。組み立てラインが進んで、製品が左から右へ動いている。その途中で突然、顧客からの要求で装置の差し替えが必要になったとする。この直列式のラインでは、顧客の要求に応じるには、ラインを全部止めて工程の作り直しをしなくてはならない。それには何カ月もかかる。

しかし、顧客の要求が変わりうることを予め想定しておいて、初めからこのラインの脇に代替ラインを準備しておいたらどうなるか。顧客からの要求があったら即座に「せーの！」でラインを切り替えられる。ラインを何カ月も止めることなしに、ものの1時間で顧客の要求に沿った製品を作るラインに早変わりさせられるだろう(図6-7)。

これからは、リードタイムをいかに短くできるかで、生産システムの価値が決まる。直列式

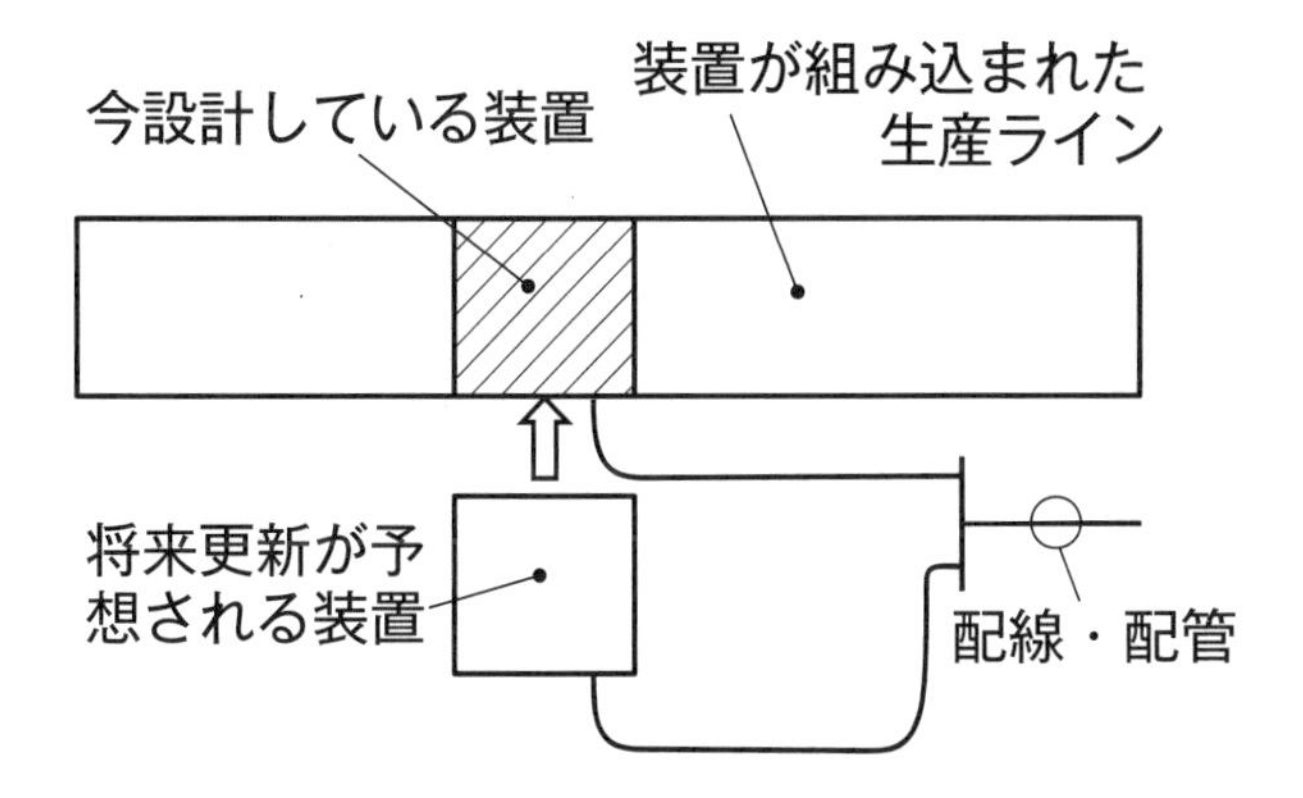

図 6-7　リードタイムの縮減の例．装置に将来の更新の準備を予め作り込んでおくと，価値が上がる

の現在の生産システムを見直し、これを並列化していくことが「価値」を生むのである。

筆者はこれとよく似た現場を、中国の半導体工場で見たことがある。上海にある半導体製造会社を見学したときのことである。工場の建屋へ案内されてまず驚いた。工場内のスペースがあっちもこっちもガラガラに空いているのである。言い方は悪いが「ドンガラ建屋」である。日本の半導体工場とは似ても似つかぬ、非効率極まりない工場内設計に見えた。

「こんなの無駄じゃないの?」

と筆者が聞くと、案内をしてくれた経営者は開口一番、

「日本の人は、みんな、そういう見方をしますね」

と笑いながら言った。不思議に思って聞き返すと、そのガラガラに見えるスペースは、将来の設備更新や新ラインの構築のための空間なのだという。しかし、どう見てもスペースを無駄に使っているようにしか見えない。そこで、「投入資金は無駄にならないの?」と言って切り返してみたら、

「リードタイムを金で買うと考えています」

とピシャリと言われた。変わりやすい市場の要求にキャッチアップするため、自分たちは予め

「空間」に投資しているのだ、というのである。

日本人はすぐ空間効率や動線の無駄に目が行くようだが、市場の要求がどんどん変わることをまるで考えていない。機会逸失による損のほうが、非効率や無駄による損よりも大きいことをもっと知る必要がある。「何が無駄なんですか？　そちらこそ無駄じゃないんですか？」と、逆に言われている気がした。これには言い返す言葉もなかった。いわば、「ドンガラ建屋の先行建設効果」で、これにはまったく「ヤラレタ！」と思わされたのである。

会社の価値の増大

構想と企画の重要性やリードタイムの短縮は、いますぐに取り組むべき課題であると筆者は考える。しかし、そもそも「なぜ取り組むべきなのか？」と考えると、これらの取り組みが会社の価値を増大させるからである。

すでに述べたように、製品の価格は社会が決める。価格とは、会社の側から見れば「利益」と「コスト」の合計という見方もできるし、製品を買う側から見れば、その製品の「価値」に対して支払った「対価」という見方もできる。もし仮に、支払った対価が、その製品に期待する利得と釣り合っていれば、その製品は価格相応のものと見なされる。しかし、もし仮に、その製品に期待する利得が、支払った対価よりも大きかった場合、つまり「得した」と感じる部分(想定外の利得)が余計にある場合、その製品には価格相応の価値以上の「付加価値」が備わっているといえる(図6-8)。

製品を買う人は、「製品」という実物を通して、それを作った「会社の価値」を判断する。その際の判断基準となるものが「付加価値」である。付加価値については経済学での定義もあるが、筆者はこういう意味で使っているので注意してほしい。

構想や企画の重要性、リードタイムの短縮など、これまで述べてきた新しい取り組みがなぜ必要なのかと言えば、結局、製品にできるだけ多くの付加価値を上乗せして、「会社の価値」を増大させるためである。別の言い方をするならば、そのような新しい取り組みを実行して積み上げていった付加価値の集積が、会社の信用(ブランド)を形づくっていくのである。

道なき道をゆく

さきほど述べた「直列の並列化」には、リードタイムの短縮という利点がある一方でデメリ

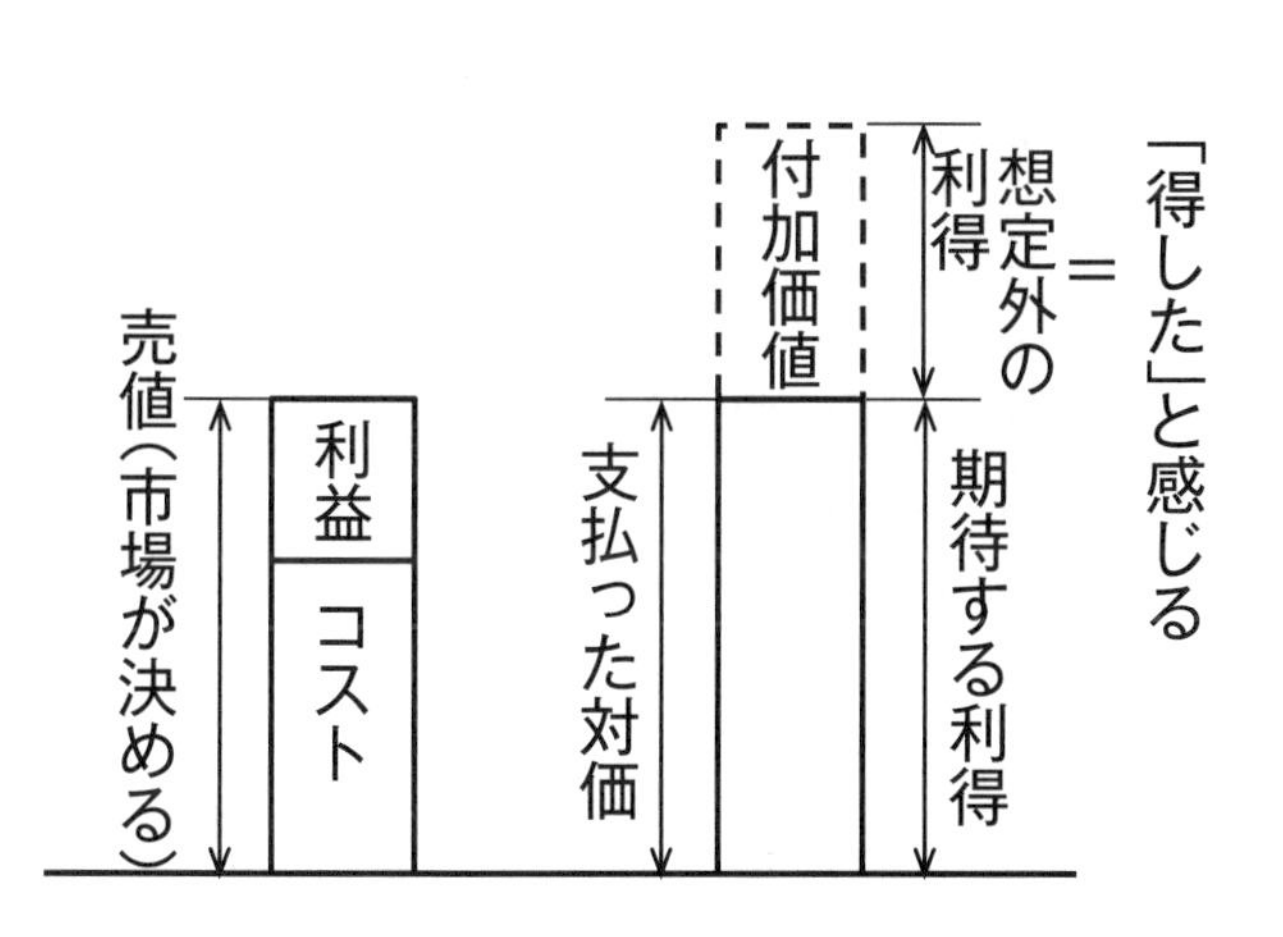

図 6-8　支払った対価以上に得られた利得の集積が，会社の価値を高める

ットもある。たとえば、「目標が未確定のまま次の段階(工程)に進まなくてはならない」「ロードマップを予め描いて進むことができない」などである。「直列の並列化」には不安やストレスがつきものなのである。直列を並列化したときの各段階をたどってみよう(図6-9)。まずスタート時点では、目標も制約条件も確定しておらず、先行きがまったく見えない。それでも、とにかくスタートする。そうすると、先へ進んでいくうちに目標や制約条件が少しずつ確定してくる。後から振り返ると、たどってきた経路は紆余曲折で、直列で行く場合に想定される経路とはまるで違う経路をたどってきたことに気づくだろう。

したがって、「直列の並列化」では、全体のビジョンや考え方の共有ができていないと、途中で空中分解して必ず失敗する。誰かが決めて指示してくれたら動く、という受け身の人間がどれほど集まっても「直列の並列化」はできないのである。一見無鉄砲なようだが、この「直列の並列化」こそ、日本の技術がこれから生き残っていく道である、と筆者は考えている。われわれは、道なき道をゆかねばならないのである。

目標も制約条件
も確定しないまま
スタートする

（ⅰ）スタート時点

目標や制約条件
が次第に確定
してくる

（ⅱ）途中経過

実行された経路は
始めに想定された
ものとはまったく
違うものになる

（ⅲ）実際にたどった
経路

〃

（ⅳ）後からの
振り返り

図 6-9　並列化による各段階の構成

付録　考えを作る――思考展開法とは何か

新しいアイデアや構想を練る際には、自分の頭の中にある想念や概念を構造的に組み立て、目に見える形に表出することが有効である。思考展開法とは、筆者らが考案した「考えを作る」技法である。言い換えると、設定した課題を解決するために、自分の考えを構造化して把握する手法である。筆者はこの20年来、全国のさまざまな企業に招かれて「畑村塾」という私塾を開いている。その畑村塾では、将来の現場責任者や経営者の候補を中心に、また現役の経営者たちにも「塾生」になってもらって、この思考展開法を伝授している。

畑村塾では、はじめに塾生一人ひとりが別々に自分の考えを作る経験をした後、参加者は5人1組のグループになり、それぞれのグループで1つの課題を設定し、互いに議論しながら考えを作っていく演習を行っている。長く継続して開講している企業では、この思考展開法を経営や開発に取り入れて、実際に成果を挙げている。思考展開法では最後の発表や討論も重要なのだが、本書では書籍という形態の制約上、おもに「考えを作る」ためのプロセスに的を絞って解説することにしたい。

思考展開法の基本的な考え方

人間の脳は何らかの状況に置かれると、自分の意思と関わりなく勝手に動き始める。そして、将来、自分にとって必要になるかもしれない「考え」を作り始めようとする。思考展開法は、自分の頭の中で渦巻いている「考えの種」を言葉で表現して目に見える形にし、自分で自分の考えを作る手助けをする手法である。言い換えれば、「考え作りの見える化」である。

思考展開法のプロセス

思考展開法のプロセスは試行錯誤の連続であり、ゴールにたどり着くまでには何度も何度も「行きつ戻りつ」を繰り返すことになる。手順どおりに進めば自動的に考えができるようなものではない、ということに注意してほしい。慣れるとそうでもなくなるが、最初のうちは相当頭がくたびれることは覚悟しておく必要がある。

思考展開法の基本プロセスは、頭の中で生まれている構成要素の「摘出」と「構造化」である。これら2つのプロセスを経て出来上がった「考え」は、いくつかの視点から振り返ることが重要である。代表的な視点には、「人」「もの」「金」「時間」「気」「社会」「環境」などがある。また、物を作る生産者の視点からだけでなく、消費者・使用者の視点から考えるなど、自分の立ち位置を変えて、異なる視点から考えることが大事である。以下では「思考展開法」の進め方について、①種出しをする、②くくり図を作る、③思考関連図を描く、④課題を選ぶ、⑤思考展開図を描く、の5つのプロセスを解説する。

①種出しをする

与えられたテーマに関して頭の中に浮かんだ「考えの種」(想念、概念)を、黄色のポストイットに書き出す。考えの種(以後、「種」と略す)はサインペンではっきり書いて、A4の台紙2〜3枚に貼り付ける(図付-1)。種出しのときに大事なことは、種と種との関連性を考えよ

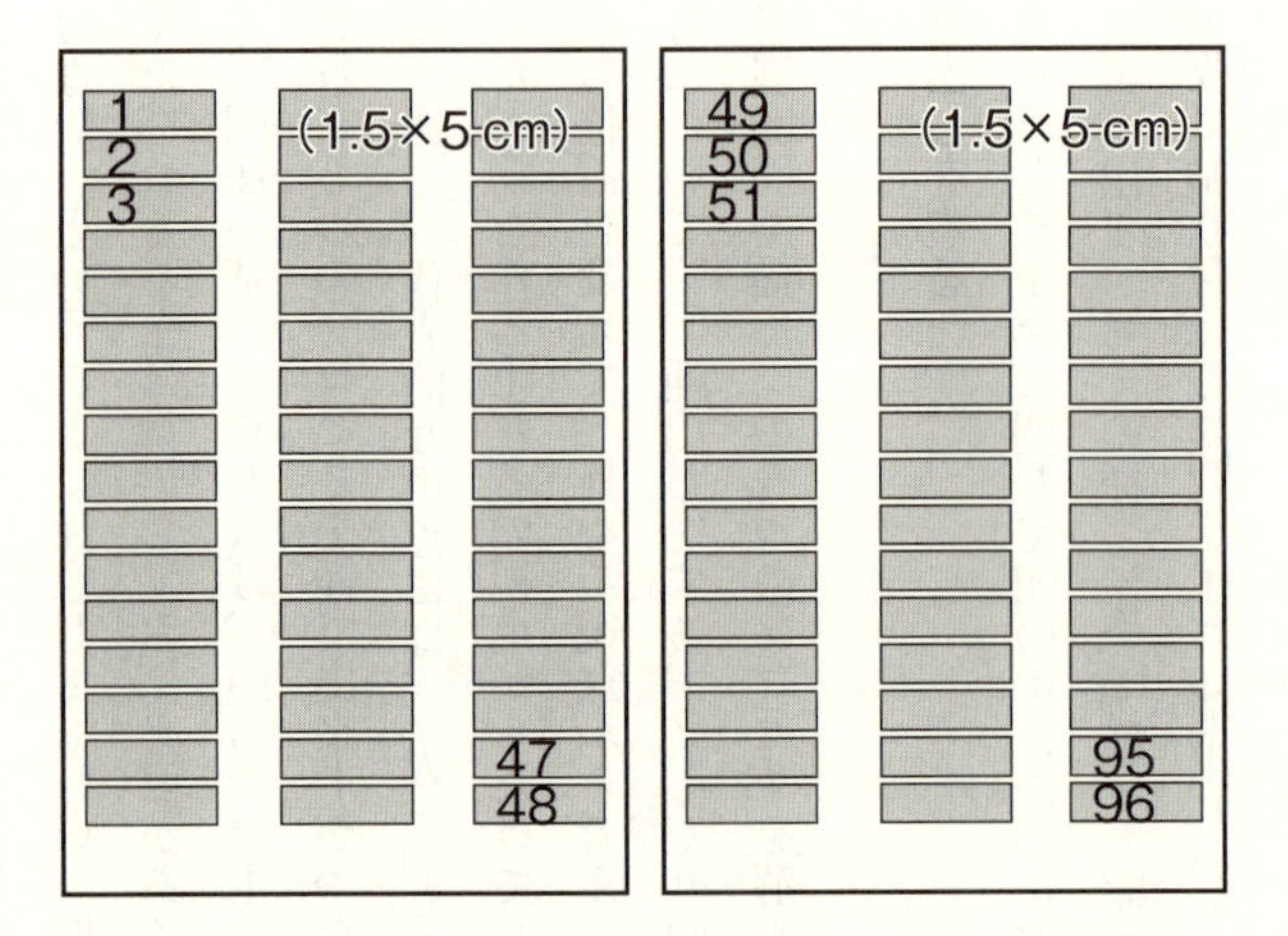

図付-1　種出しをする．考えの種(想念，概念)を黄色のポストイットに書き出す

うとしたり、きれいに整理しようとしたり、型にはめ込もうとしないことである。何の脈絡も考えずに、とにかくバラバラのままでよいから、頭の中に浮かんだまま書き出す。書き出す際には、思い浮かんだ順番がわかるように、書き出す種にあらかじめ番号をつけておくとよい。種を記入したポストイットを貼った台紙は、保存用にカラーコピーを取っておく。この先のプロセス（くくり図・ラベル付け・思考関連図の作成）に進んで、もし種がまだ足りないと思ったら、種を書き足せばよい。種を増やすには、「考えている領域を広げる」「考える深さを深める」の2つの方法を試みるとよい。

②くくり図を作る

書き出した種のなかで、関連がありそうなもの、共通性のありそうなものを、「種群（たねぐん）」として1つにくくって、「くくり図」を作成する。くくり図にはA3かA2の紙を台紙にするとよい。各種群の名前を考え、ピンク色のポストイットでラベル付けする（図付-2上）。名前の付け方にはコツがある。種群の中の個々の種は、どれも具体的な概念を表す言葉として思い浮かぶはずである。そこで、種同士の関連性や共通性に着目し、概念的に階層が1段上の

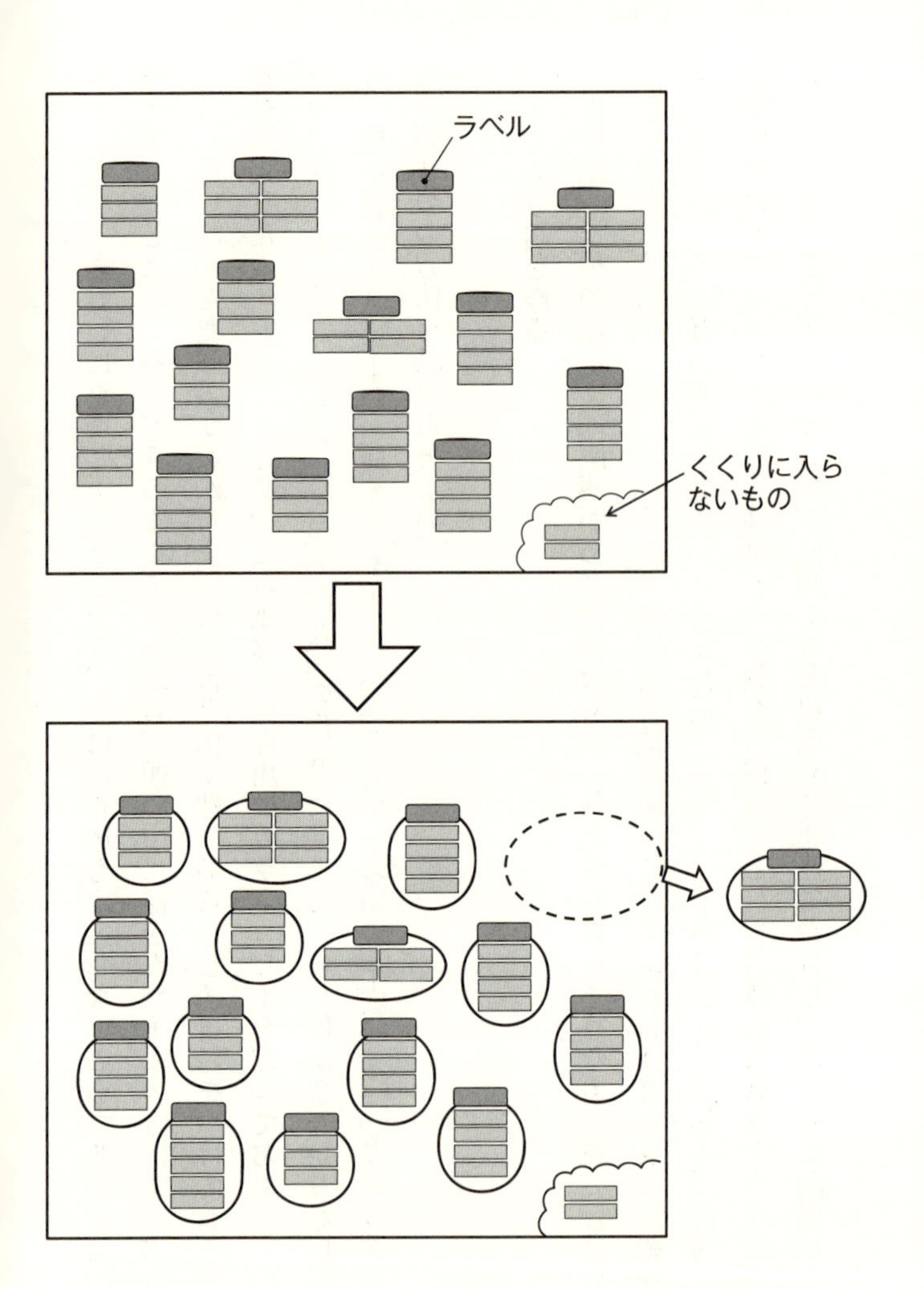

図付-2　くくり図(上)を作ったら，種群を切り抜く(下)

抽象的な言葉で種群を表現するのである。つまり、黄色のポストイットは下位概念、ピンクのポストイットはそれらの上位概念を表すことになる。

1つの種群の中にある種（黄色のポストイット）は少ないことが望ましい。種群の中の種が多いと、その種群の中にはまだ別の種群が含まれている可能性があるからである。そういう場合には、種群をもっと細かく分ける必要がある。また、種群の中には、ピンクのポストイットに相当する概念や、さらに上位の概念が混在していることもありうる。種がすべて同じ概念レベルとは限らないのである。したがって、種同士をくくるときには、個々の種の概念レベルを見分けることが重要である。それができると、種全体の構造性がおぼろげながら見えてくる。種やラベルの不足に気づいたら、新たに付け加えればよい。

「くくり図」を作ったら、その70％縮小コピーをとり、各種群をサインペンか鉛筆で丸く囲む。種群を丸く囲むと、種群同士の関連を見るとき、形にとらわれず自由に考えられる。四角く囲むと、きれいに並べたくなって、頭の中で考えた配置にならないので注意が必要である。同じ種を2つの異なるくくりに入れたいときは、同じ種を2個書いて、それぞれの種群に入れればよい。種群を丸く囲んだら、それぞれハサミで切り抜く（図付‐2下）。

③思考関連図を描く

②で切り抜いた種群を、種群同士の関連性と共通性を考えながら、A2サイズ以上の台紙に貼り付け、「思考関連図」を作る。種群の貼り付け方にはルールがある。台紙の外側から内側に向かって、種の概念レベルが上がっていくように貼るのである。つまり、台紙の外側から内側に向かって、下位概念(黄色)↓上位概念(ピンク)という配置にする。

また、貼り付けていく際には、ピンク色のラベルで互いに関連性のありそうなもの、共通性のありそうなものは、隣同士にまとめておく。そして、ラベル同士の共通性や関連性を考えて、オレンジ色のポストイットを使ってラベル付けをする。つまり、種群のレベルよりもさらに上位の概念を見つけて、ラベル同士のラベル付けをするわけである。

このように、種(黄色：下位概念)↓種群のラベル(ピンク色：中位概念)↓ラベル同士のラベル(オレンジ色：上位概念)という具合に、概念の階層を1つずつ上がっていきながら抽象化して、互いに1本の線で結んでいく。すると最後は、図付-3のように、台紙の真ん中に最上位の概念を据えた、放射状の「思考関連図」が出来上がる。思考関連図を作ることで、自分の

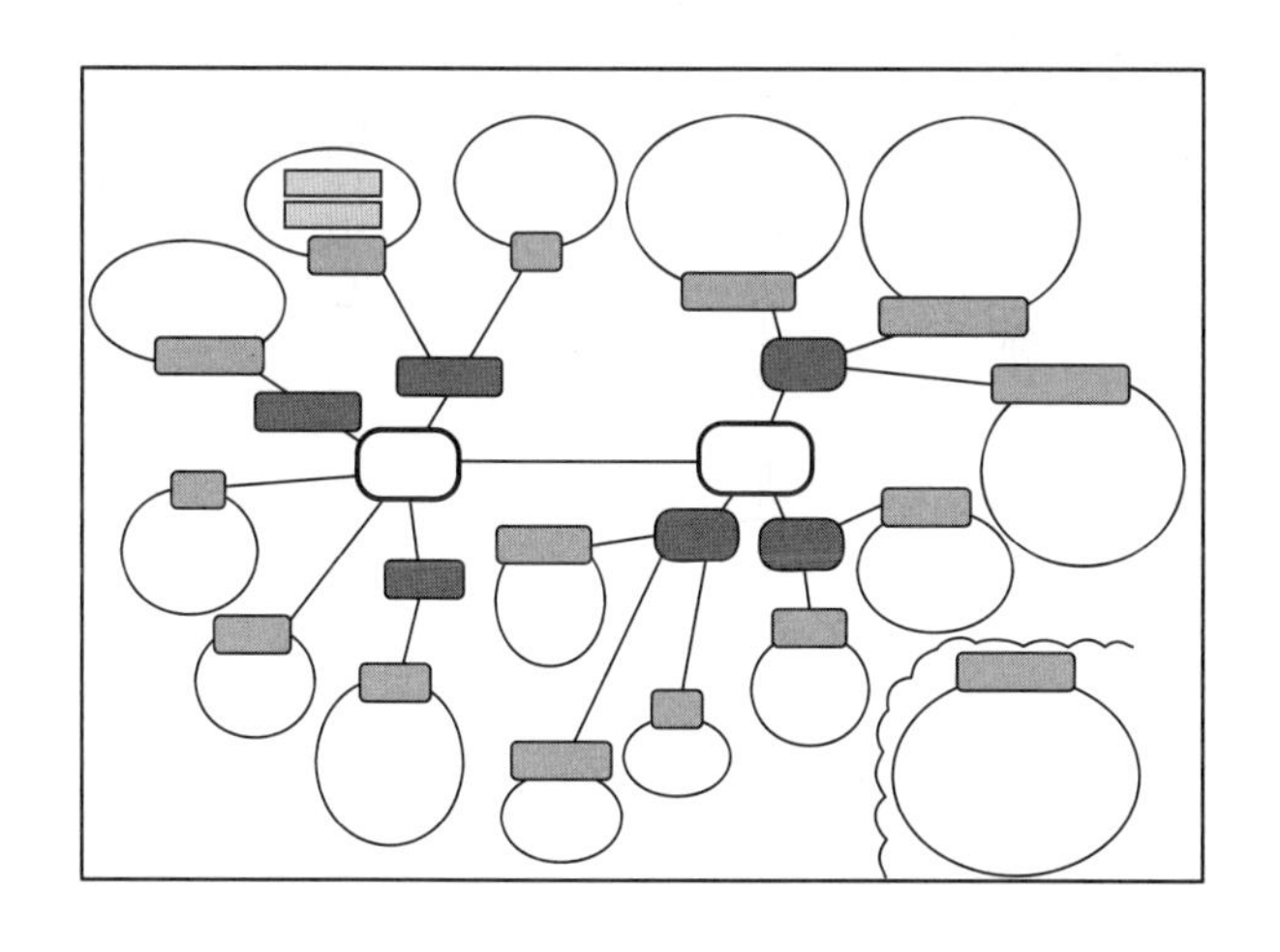

図付-3　思考関連図．台紙の中心側に行くほど概念のレベルが高くなる

「考えの階層性」が目に見えるようになる。

こうして出来上がった図は、中心にあたかも仏様が鎮座し、周辺には弟子や警護の者が控える曼荼羅図(まんだらず)に似ている。そこで、思考関連図を「まんだら図」と呼ぶことがある。まんだら図は中心をつまんで引き上げると、階層ごとに色分けされた立体図になる。

④課題を選ぶ

種出しから思考関連図までのプロセスを通るなかで、さまざまな問題点(問題群)が見えてくる。問題点に気づいたら、メモしておくとよい。思考関連図を作り終えたら、メモしておいた問題群から、解決すべき課題を抽出し「課題群」を作る。そして、課題群を課題評価シートに書き出して評価をおこない、次の「⑤思考展開図を描く」へ進むための課題を選ぶ(図付-4)。

⑤思考展開図を描く

種出し→くくり図→思考関連図という一連のプロセスは、自分の頭の中に浮かんだ「考えの種」をもとに、自分の「考えの階層性」を把握していくプロセスである。そのプロセスをたど

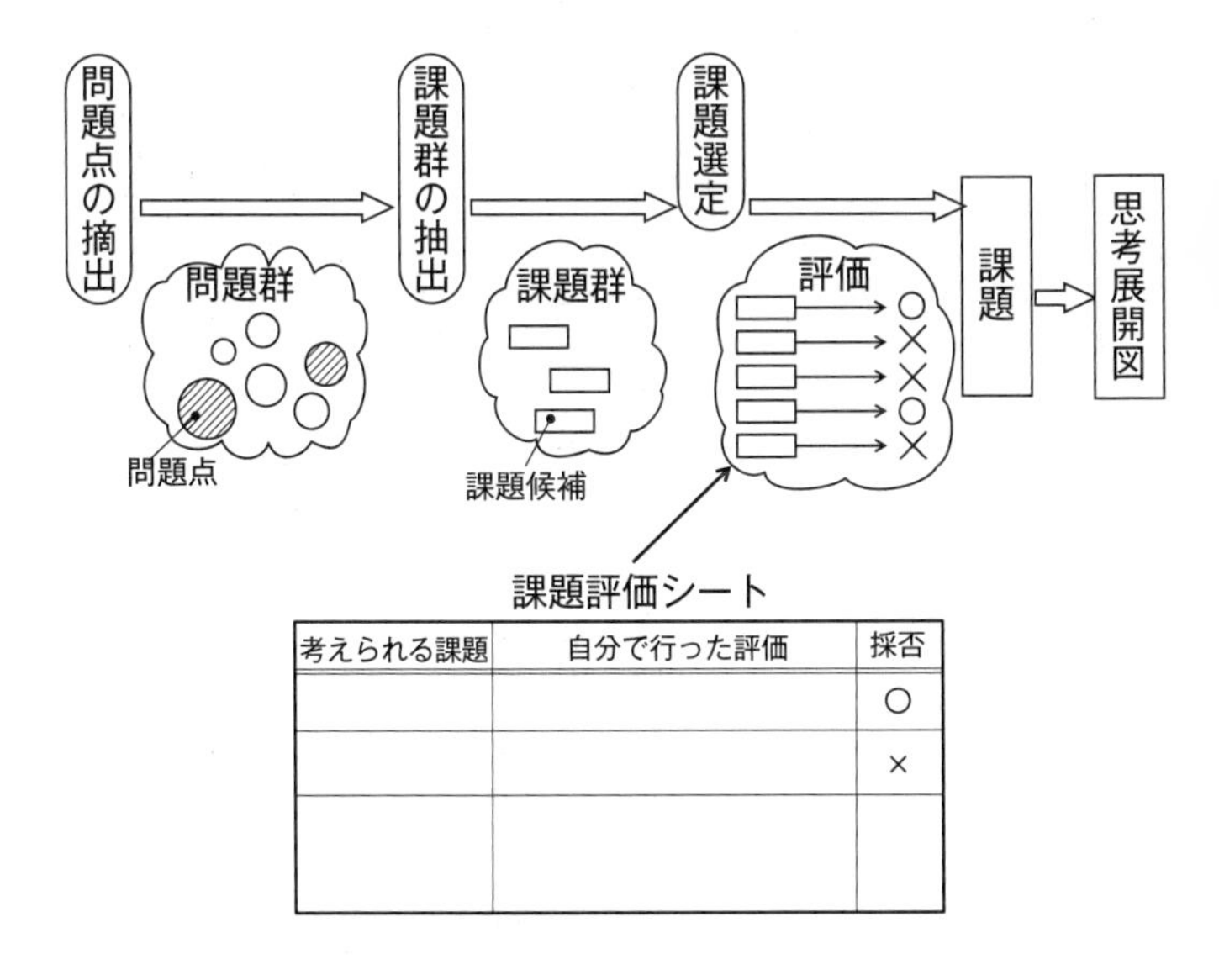

図付-4　課題群の抽出と課題の評価

っていくなかで、いま自分にとって何が問題で、何が課題かが見えてくる。しかし、「考えの階層性」を把握するだけでは、④で選んだ課題を解決する具体策は見つからない。そこで必要になるのが「思考展開図」である。

課題とは一般に、実現したいこと、または解決したいことである。それはたとえば、「楽しいお花見」とか「逼迫した財政」とか、形容詞をともなう抽象的なテーマとして現れるもので、それ自体はまだモヤモヤしたものである。思考展開図を描くと、そのモヤモヤが消えてクリアになり、選んだ課題を解決する具体策が明らかになる。別の言葉でいえば、思考展開図とは、選んだ課題に対する自分の「考えの構造」を知り、具体的な行動につなげる道筋を見つけるためのツールなのである。

思考展開図を描くにはまず、④のプロセスで選んだ課題（または要求機能）を分析・分解して、「課題要素（機能要素）」に落とし込む。その上で、それぞれの課題要素に対して、実現する手段としての「解決方法（機構要素）」を考える。考え得る解決方法が複数ある場合は、制約条件を考慮し、それらのなかから最適と思うものを選択・決定する。そして、図付-5のように、決定した「解決方法（機構要素）」を展開して「具体策（構造）」とし、すべてを総合して「全体

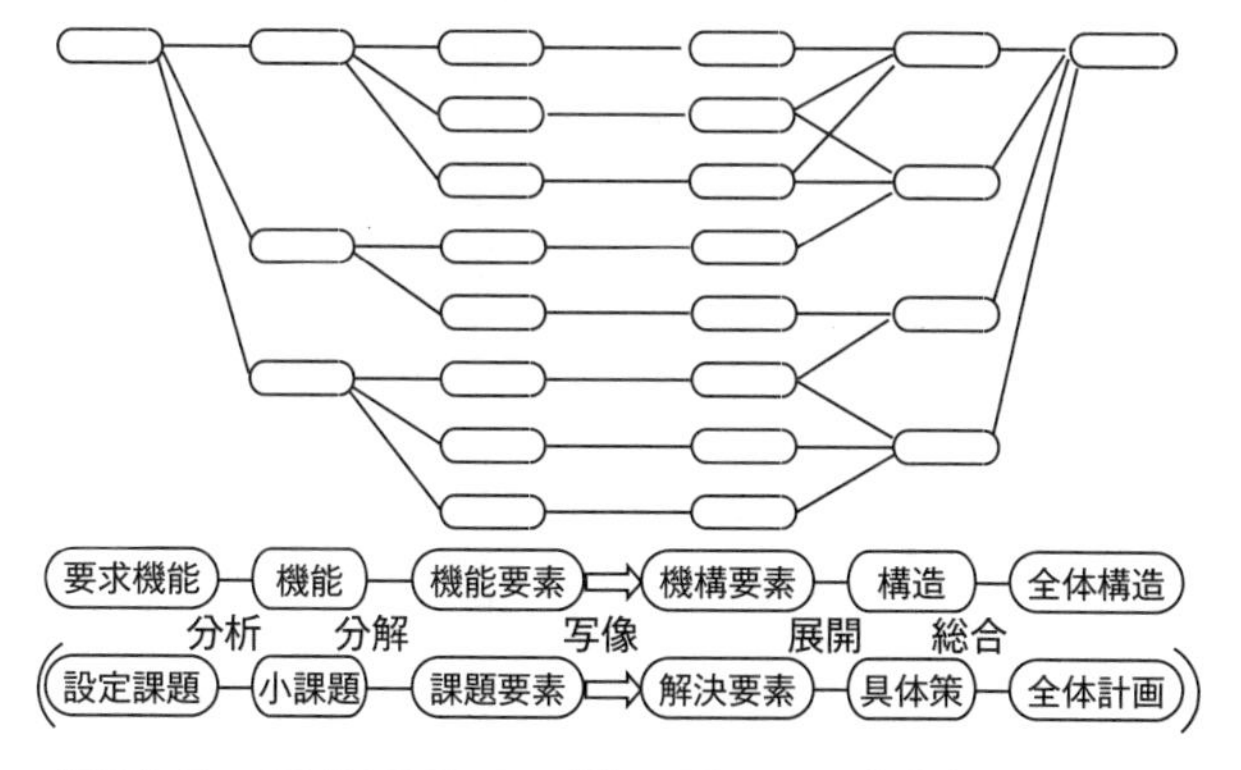

図付-5　思考展開図．縦の列は 6 列以上になってもよい

計画（全体構造）」とする。

考えを作ろうとしている人の頭の中に、初めから「考えの構造」があるわけではない。重要であるにもかかわらず、考え落としをしていることも多い。思考展開図は、そのような考え落としに気づき、自分の頭の中に「考えの構造」を構築していくためのものである。

思考展開図は、左から右へきちんと順々にキレイに描けるとは限らない。たとえば、その一例が図付-6である。まず①で解決すべき課題を定め、視点や切り口を考え、必要な働き（機能）を考える。すると、②のように、頭の中でいきなり具体的な解決策が浮かんでくることがある。そこで左にさかのぼって、③のように各解決策の働き（機能要素）について考え、それに漏れがないかを考える。そうして④の解決策（機構要素）を再度見直す。このように、思考展開図は行きつ戻りつしたり、ジグザグ紆余曲折しながら、徐々に描けていく。なぜなら、頭の中で「考えを作る」という動作は、必ずしもロジカルなものではなく、順番がグジャグジャだったり、ポンと飛んだりするものだからである。

したがって、多少の間違いがあってもよいから、四の五の言わず、最初の設定課題から最後の全体計画まで、ともかく自分なりの思考展開図を1枚描いてみるのを勧める。それが結局、

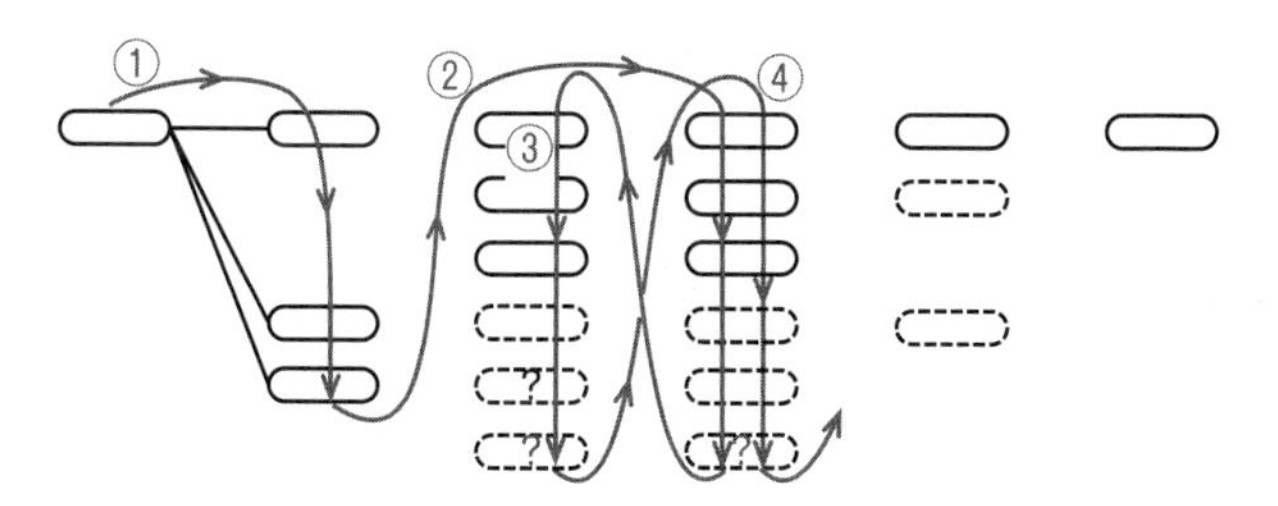

図付-6　思考展開図で表した考え構築の途中経過の例

修得への一番の早道なのである。

ただし、注意してほしいことがある。最終的に完成する思考展開図は、あくまで自分の頭の中で展開された「思考の軌跡」をキレイに整えて表出したものにすぎない、ということである。思考展開図は自分の考えを構造化するための手段であって、思考展開図を描くこと自体が目的ではない。大事なのは、頭の中で思考を展開して、自分の「考えの構造」を構築してゆくプロセスである。解決のための具体策は、「考えの構造」を構築していくなかで見つかるのである。

発表と討論の重要性

思考展開図を描き終わったら、発表と討論をおこなう。発表では、どのような状況を想定し、どのような解決方法を考えたか、何を実現しようとしているのかをまず述べる。自分が何に迷い、どのような検討をおこなったか、なぜその課題を選んだか。自分が考えた結果だけを並べるのではなく、自分がどのように考えを作っていったかを伝えると、人に理解してもらえる。

①の種出しから順番に説明を始め、⑤の思考展開図に至るまで、自分の思考展開のプロセスを明示して説明する。最後に、作業を行ってみて、自分はどのような感想をもったのかについ

て口頭で発表する。

話し手と聞き手の双方が声を出して議論することは非常に重要である。発表と討論という「出力型学習」により、各人の頭の中に新しい思考回路が生まれ、考えを全員で共有できるようになる。この出力型学習が、発表と討論の効果であり、かつ目的でもある。グループ全員が、この効果と目的をしっかりと理解して、発表と討論に積極的に参加し、お互いに疑問や意見を言葉でぶつけ合うことが大切である。

思考展開法の有効性

思考展開図は、考えの全体像と詳細を他人に伝達するのに有効である。発表と討論の場では、思考展開図を左から右に進んで説明したくなる。しかし、考えを作っている人の頭の中は、単純に左から右へ進むだけではない。右から左へ大きく戻ったり、終点まで一気にジャンプしたり、一カ所でぐるぐる回っていたりする。出来上がった思考展開図を見るとキレイに整っているが、実際に頭の中で起こっている思考展開のプロセスは、決して理路整然としたものではなく、順番がグジャグジャなのである。そのことをよく意識しておいてほしい。「考える」という動作は、そもそも一筋縄ではいかない動作なのである。

なお、ここで大事なことに気づく。知識の蓄積と考えの深化の重要性である。最初の種出しは、自分の頭の中に知識がどれだけ蓄積されているかによって左右される。知識がなければ、いくら頭を絞っても何も出てこない。しかし、いくら知識が沢山あっても、その知識を構成する要素を、必要なとき即座に取り出せなければ、考えを作ることはできない。さらには、考えを深めたり、考えを豊かに育てることもできない。知識は溜めるだけでなく、どう使うかが重要だからである。

知識との関係でいえば、思考展開法とは、頭の中にある知識を活性化し、「使える知識」に変える技法である。さらには、思考展開を通じて明らかになった解決策を実行することで、それまで自分の頭の中にはなかった「新しい知識」を獲得することも可能になる。その意味で、思考展開法は新しい知識を生み出す技法にもなっているのである。

思考展開法については、『技術の創造と設計』という本にさらにくわしく書いておいた。もし興味をもった読者は、そちらの本も参考にしながら試してみてほしい。

畑村洋太郎

1941年生まれ
畑村創造工学研究所代表，東京大学名誉教授
専門－創造学，失敗学・危険学，知能化加工学，ナノ・マイクロ加工学，医学支援工学
著書－『数に強くなる』(岩波新書)，『技術の創造と設計』『直観でわかる数学』『続 直観でわかる数学』『直観でわかる微分積分』(岩波書店)，『失敗学のすすめ』『創造学のすすめ』『危険学のすすめ』(講談社)，『続々・実際の設計－失敗に学ぶ－』(日刊工業新聞社)，ほか多数.

技術の街道をゆく　　岩波新書(新赤版)1702

2018年1月19日　第1刷発行

著　者　畑村洋太郎（はたむらようたろう）

発行者　岡本　厚

発行所　株式会社 岩波書店
〒101-8002 東京都千代田区一ツ橋2-5-5
案内 03-5210-4000　営業部 03-5210-4111
http://www.iwanami.co.jp/

新書編集部 03-5210-4054
http://www.iwanamishinsho.com/

印刷製本・法令印刷　カバー・半七印刷

ISBN 978-4-00-431702-9　　Printed in Japan

岩波新書新赤版一〇〇〇点に際して

ひとつの時代が終わったと言われて久しい。だが、その先にいかなる時代を展望するのか、私たちはその輪郭すら描きえていない。二〇世紀から持ち越した課題の多くは、未だ解決の緒を見つけることのできないままであり、二一世紀が新たに招きよせた問題も少なくない。グローバル資本主義の浸透、憎悪の連鎖、暴力の応酬——世界は混沌として深い不安の只中にある。

現代社会においては変化が常態となり、速さと新しさに絶対的な価値が与えられた。消費社会の深化と情報技術の革命は、種々の境界を無くし、人々の生活やコミュニケーションの様式を根底から変容させてきた。ライフスタイルは多様化し、一面では個人の生き方をそれぞれが選びとる時代が始まっている。同時に、新たな格差が生まれ、様々な次元での亀裂や分断が深まっている。社会や歴史に対する意識が揺らぎ、普遍的な理念に対する根本的な懐疑や、現実を変えることへの無力感がひそかに根を張りつつある。そして生きることに誰もが困難を覚える時代が到来している。

しかし、日常生活のそれぞれの場で、自由と民主主義を獲得し実践することを通じて、私たち自身がそうした閉塞を乗り超え、希望の時代の幕開けを告げてゆくことは不可能ではあるまい。そのために、いま求められていること——それは、個と個の間で開かれた対話を積み重ねながら、人間らしく生きることの条件について一人ひとりが粘り強く思考することではないか。その営みの糧となるものが、教養に外ならないと私たちは考える。歴史とは何か、よく生きるとはいかなることか、世界そして人間はどこへ向かうべきなのか——こうした根源的な問いとの格闘が、文化と知の厚みを作り出し、個人と社会を支える基盤としての教養となった。まさにそのような教養への道案内こそ、岩波新書が創刊以来、追求してきたことである。

岩波新書は、日中戦争下の一九三八年一一月に赤版として創刊された。創刊の辞は、道義の精神に則らない日本の行動を憂慮し、批判的精神と良心的行動の欠如を戒めつつ、現代人の現代的教養を刊行の目的とする、と謳っている。以後、青版、黄版、新赤版と装いを改めながら、合計二五〇〇点余りを世に問うてきた。そして、いままた新赤版が一〇〇〇点を迎えたのを機に、人間の理性と良心への信頼を再確認し、それに裏打ちされた文化を培っていく決意を込めて、新しい装丁のもとに再出発したいと思う。一冊一冊から吹き出す新風が一人でも多くの読者の許に届くこと、そして希望ある時代への想像力を豊かにかき立てることを切に願う。

（二〇〇六年四月）